U0378379

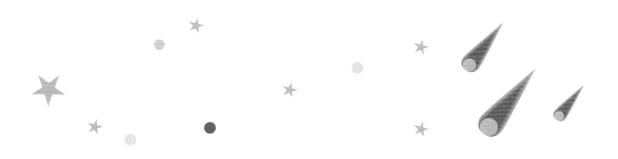

通信的故事

Tongxin de Gushi

小·牛顿科学教育公司编辑团队 编著

北京时代华文书局

给读者的话

探究自然规律的科学，总带给人客观、冰冷和规律的印象，如果科学可以和人文学科搭起一座桥梁，是否会比较有"人味儿"，而更经得起反复咀嚼、消化呢？

《小牛顿科学故事馆》系列，响应现今火热的"科际整合"趋势，秉持着跨"人文"与"科学"领域的精神应运而生。不但内含丰富、专业的科学理论，还以叙事性的笔法，在一则则生动有趣的故事中，勾勒出重要科学发现或发明的时空背景。这样，少年们在阅读科学理论时，也能遥想当时的思维脉络，进而更关怀社会，反省自己所熟悉的世界观，是如何被科学家和他们的时代一点一滴建构出来。

本书《通信的故事》介绍了从古到今最重大的通信发展。第一章"通信的起源"从古老的故事中说起，人类如何从壁画、结绳记事，传达简单的信息，到发明了文字后，可以处理更复杂多元的信息，才正式跨入传输技术的发展时代。

在第二章"传输技术的发展"中，探讨各式各样的通信媒介。信息跟随着各种材料的发明、使用，通过不同的载体来传送。信息从发信人到收信人之间要如何运送呢？时间、距离、可靠性等，都是通信传输的重要指标。除了讨论通信内容和传送的方式外，怎么样才能保护信息的内容不让别人知晓，也就是人们希望对通信的内容进行加密，则是第三章"秘密通信技术的发展"的重点。从暗语、密码到旗语，可以看到通信走入数字时代的脉络。

第四章"电通信技术的发展"，讲述人们开始用快速又隐秘的电来传递信息。在早期开始能掌握电的使用后，从土法炼钢式的电化学电报，到摩尔斯电码的使用，电报、电话的相继发明，近现代的通信方式已经大大提升了通信的保密程度。

自从电话被发明以来，有线电话已经触发了全球经济与科技大战，而无线通信技术成为新一代的战场。第五章"无线通信时代"中，就从如何发现电磁波开始讲起。从电磁波到调频广播的播送，一直到电磁波通过在大气层顶层电离层的反射或者利用人造卫星作为中继，再返回地面，人类想要远距离传送信息的愿望也达成了。

回顾过去，展望未来，在第六章"通信的未来发展"中，介绍了现代的通信方式——通过计算机与光来通信。尤其是光通信是一个最热门的学科，主要有光纤通信以及正在发展中的可见光通信，也探讨了未来通信的发展方向。

附录中还特别绘制了一幅从古代、近代、现代到未来的通信方式的演进，可以看到同样的两位主角，在不同时空中，要如何来传递信息。此外也制作了一份通信图解大事年表，归纳、梳理全书的内容，可以迅速查阅。

在今日快速变动的世界里，唯有持续阅读与对不同学科进行思考，才能在时代巨流中找到自己的定位，《小牛顿科学故事馆》系列书籍跨领域、重思考、好阅读，能够帮助少年们了解科学理论的背景与人文因素，掌握科学的本质及运作方式，培养"通才"的胸襟及气度！

目录

通信的起源
从抽象走入文字发明

进入通信史之前必备的通信基本常识

通信是一门非常复杂的学问，不只是因为技术分类多，其运用的领域也广，所以经过这么多年的发展之后，人们发现要互相沟通，就像语言文字要有文法才能有序一样，通信的架构也要有现代化的定义，于是把通信的 OSI 参考模型定义了七层框架，分别是应用层、表示层、会话层、传输层、网络层、数据链路层、物理层。我们可以利用传统寄收信的过程简单说明如下：

1.**应用层**：就是信息的用途。是家书、讨债，还是情书？同样的信息，不同用途就会产生完全不同的结果。比如说有个测试外国人中文程度的考题"喜欢上一个人"，居然有三种通顺而截然不同的解释，可以是"交了新朋友"，可以是"怀念旧情人"，也可以是"享受独处"。该发给朋友的私密信息如果传给了老师，后果不堪设想！

2.**表示层**：指的就是使用什么语言。同样的目的，用中文或英文可能也会截然不同，同上例，用英文就比中文可能准确得多，但是用中文可能更有解释的转

现有通用的四字段网络地址架构，也就是所谓的 IPv4（Internet Protocol version 4），每一栏都有 256 个码，总共可以产生 256x256x256x256，也就是超过四十亿个网络地址，目前因为物联网的兴起，每个装置都必须要产生一个网络地址，因此正在朝 IPv6 的新地址架构前进，地址数为 2 的 128 次方，约为 3.4x1038。

圜空间。

3. **会话层**：指信息的分段。一个信息为什么需要考虑到分段呢？大家可以想想同一个文意考题，如果加上了标点符号，是不是能够有助于理解？中国古代的书籍往往没有标点符号，导致后人还要圈点，以免误会，因此一段信息在发送出去之前，信息本身的应用场景、语意与架构要非常明确，否则就会以讹传讹了。

4. **传输层**：就是要把信息发送出去，也是大多数通信科技集中发展的一环，用人力、动物、声音、电波、光、形象等进行传输。

5. **网络层**：这个环节在一对一、面对面的通信时代似乎是不需要的，但是远距离或者一对多的通信就显得很重要了，在茫茫人海中怎么确定要接收信息的人是谁呢？很简单，名字、地址或者坐标都可以，因此要形成网络的最大关键就在于确定"地址"，如果每个收发者

现代化的通信架构分层

应用层 (Application)

表示层 (Expression)

会话层 (Session)

传输层 (Transfer)

网络层 (Network)

数据链路层 (Datalink)

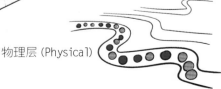

物理层 (Physical)

现代化的通信架构分层实例，除了方便一般人了解通信技术的分类之外，也方便通信行业业内者的互相"沟通"。

都有地址，那基本上收送错误的概率就很小了。

6. **数据链路层**：就是真正要产生信息实体的步骤了，这个阶段是将信息单元相结合的工作，一旦单元跟单元结合不起来，可能就不成信息了。

7. **物理层**：通常指最基础的通信元，也就是信息的实体到底是怎么表示的。可能是文字、电流开关、灯光明灭、孔位，或者长短音符、音阶。基本上任何能产生不同状态的系统都可以作为通信元。

通信到底有多难表达，可以从美国太空总署（NASA）在 1977 年发射的"旅行者 1 号探测器"上所附带的"金唱片"一窥究竟。NASA 的金唱片上面刻有地球的位置、原子等图案，以便外星人能了解金唱片来自何处，并希望他们与地球人联络。

金唱片上关于地球物理参数的信息，包含了时间的定义，年月日的换算，质量的单位与换算，以及距离的单位与换算。

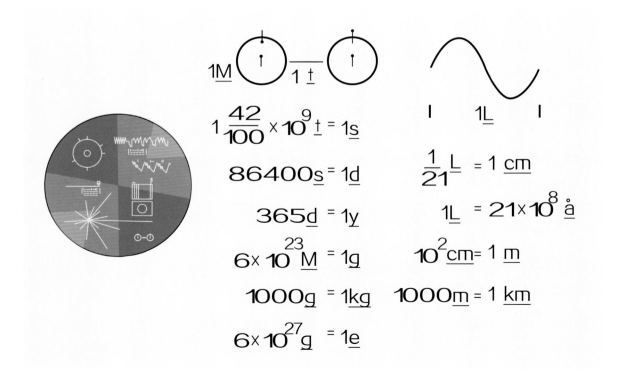

通信对人类科技发展的关键性

有人说在衣食住行育乐之外，人类的第七个基本需求就是"通信"，在近年来的家庭个人支出中，通信的花费也确实开始超越衣物的支出，成为第二大的支出项目，包含了有线通信与无线通信的花费。与人类形影不离的手机，除了可以传声音以外，也可以传文字、照片以及视频等，但是你可曾想过，为什么人类最初会产生通信的需求呢？为什么肢体语言不够用呢？

人类的起源与发展，至今仍然莫衷一是，自有开天辟地的传说以来，无论是有神论者还是无神论者，虽然努力地想要说明人的起源，也有许多对于语言与文字的研究，但是为什么同样都是人，却说着不同的语言，无法轻易沟通？小狗都是汪汪叫，小猫都是喵喵叫，鸟儿都是吱吱叫，人类怎么就会发出完全不同的声音与意思呢？这些问题仍然没有答案。

通信的行为并不仅仅产生在人类之中，动物之间也有类似的行为，比如蜜蜂会跳 8 字舞，通知其他蜂群关于花蜜的位置或其他重要信息。虽然人类使用不同的语言，增加了沟通的障碍，但正因为如此，人类反而更想要有统一的通信技术，但是又要避免让其他人窃取信息，而发展出更复杂的通信技术。

现代的无线影像通信系统，在同一个屏幕上的实时通信体验，应该是上古人类完全无法想象的。

结绳记事用于信息保存携带与交流

随着人类社群与文化的扩张，社会活动的增加，在文字与书写工具发明之前，也有传递信息的需求。那么人跟人之间，又是怎么开始非实时与远距离的通信呢？

公元前一千年时由周公所撰的《周易》上有记载，"上古结绳而治，后世圣人易以书契"，说明在文字发明之前是采用结绳记事的方式，而中国文字的发明，在公元前两百多年的战国时代《荀子·解蔽》有提到"好书者众矣，而仓颉独传者壹也"，而仓颉又传说是公元前两千七百多年的黄帝之史官，因此我们可以推论结绳应该是上古史前时代的记事方法。

结绳记事可用于治理国家，一般日常当然也可以适用，在世界上的其他文化也有其踪迹，比如在16世纪西班牙入侵印加帝国时，就发现11世纪的印加帝国也有类似的结绳记事的做法，并称之为奇普，在未发现有使用文字的印加帝国，甚至成为印加帝国的唯一记录形式。不同于中华文化的结绳记事的做法，印加奇普稍微再复杂一些，一块奇普往往是利用一条横向

印加文化特殊之处是仅使用奇普作为通信手段，却没有留下可识别的系统文字，但是仅存的六百多种奇普的信息，至今也尚未完全被破解。

绳作为主绳，然后在主绳上不同位置结了垂直绳作为次绳，在次绳上又继续结上不同的层次，形成多层次的绳索架构，直到现在，保存下来的只有600多个奇普，记载了不同的典型信息。

但是结绳能够怎么记下信息呢？如果从信息本身必须具备5W1H的概念，也就是人、事、时、地、物与如何，时间跟数量是明显可以用绳结数量来模拟的，人、物与地的形状只能勉强用绳结的形状做成，事情跟如何就比较困难了。所以有人推测最早的绳结用途，主要是记录数量，因为食是最基本的要求，食品的库存与交换都是很重要的工作，任何画记方式都不如绳结简单可靠又便于携带。只是一旦事物变多了，一条绳子只能结几个结就不够用了。因此也会产生很多不同的绳结形状，甚至长出不同的支结，就能表达较多样的信息而不至于太难理解。

也有人推测绳结有指示方向的功用，有点像现在

虽然记事已经不再利用结绳的方式进行，但是中国结能够编成不同形状，除了象征吉祥的抽象符号以外，也可编成动物、数字等图案，变化多端。

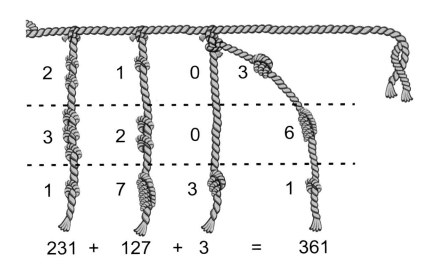

231 ＋ 127 ＋ 3 ＝ 361

在数字被发明之前，绳结的其中一种简单用法就是可以作为计算使用，既可以表示不同的数字，也可以拿来运算。

登山健行的人在路过的地方将自己团队的旗帜或者吊牌绑在树上的情况，因此产生最基本的指示性通信的作用。

是壁画还是涂鸦呢？

古人也不见得只有没文化的乱涂鸦，壁画也是另外一种可以通信与表达信息的形式，在欧洲或亚洲部分地区的山壁中都找得到。结绳记事还是相对抽象，不是每个人都记得住而且也有足够的想象力，因此最简单的做法，其实还是画画。图像总是相对容易了解的，不太需要解读或者撰写规则，就能够将事情经过记录下来，把信息说明清楚。但是不如绳结容易取材与携带，而且绘画的材料也不见得容易取得或者保存，因此到底是绘画的历史比较悠久，还是结绳记事比较悠久，就不见得了。

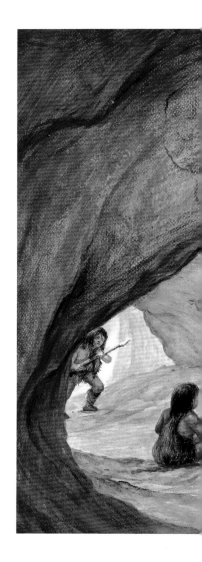

壁画的发挥空间很广，所见到的都可以画，甚至还可以进行着色，大小、形状、数量与相对关系也可以比较清楚地表达，题材有最常见的动物、人群、社会等写实写意的内容，甚至也有类似现代艺术的抽象画。比如说法国洞穴里找到的牛群壁画，据称可以追溯到两万多年以前，是最有名的壁画之一，尽管不容易确认老祖宗们作画的动机是什么，但是牛只的轮廓清晰可辨。壁画主题除了动物以外，也有如阿根廷洞穴发现的手壁画，推估可追溯到 1 万年前，手的轮廓如实体大小，但许多重叠的手形到底想要表达什么，如同现代的抽象画一般，也不见得比结绳记事要容易理解。

原始人关于狩猎的洞穴
壁画，动物奔跑的神态
非常生动，对于使用的
武器以及动作也画得活
灵活现。

手图案的壁画，出现在
阿根廷的洞穴中，有空
白也有着色的，而且还
带有手腕部位，多种颜
色，反而像是后现代的
艺术作品，不知传达了
何种信息。

法国洞穴里的牛群壁画，牛群方向并不一致，显示牛群是自由的，并没有受到狩猎的驱赶，应是位居偏向野外放牧或者开放的自然区域。

象形与会意文字，文明通信的曙光

随着人口与社会制度的发展，信息变得越来越复杂，无论是画画或者结绳都无法满足需求了，由图案的简化转变为文字的可能性很高，所以古文化发达的地区，图案与绳结简化后，象形与会意文字应运而生，开启了通信的文明时代。

目前全球可追溯到最早的文字有三大文明，尼罗河古埃及文明、两河苏美尔文明和长江黄河中华文明，初期的文字发展包含了象形字、会意字以及形声字。

尼罗河的古埃及文明文字，推测起源于公元前 3300 年，也称为圣书体，由形、音与特殊字所构成。整齐排列的文字是由精美的图案所构成。不过古埃及被古罗马征服时，亚历山大图书馆也遭到焚毁，因此文字相关史籍失传，无从了解古埃及的技术与历史了。

两河流域的苏美尔文明有楔形文字，大多由钉子图案排列组合而成，目前推测起源于公元前 3200 年，不如古埃及文字精美，但与中国甲骨文字类似，也是由图画简化而成的象形文字。

古埃及文字非常工整，与其说是文字，不如说是大小相等的图案排列而成，通过罗塞塔石碑的协助与现代的科技比较，解读出许多古埃及象形文字的含意。

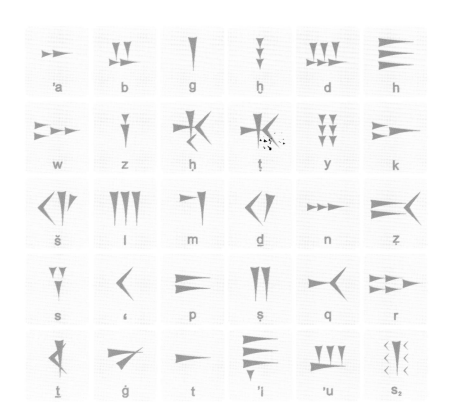

苏美尔人的楔形文字，每个笔画都是钉子形的，可能是用凿刻方式形成，并没有与古埃及文字一般有丰富精美的笔画与颜色，字符也比较少。

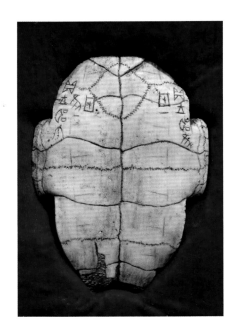

刻有文字的龟甲骨，是中华文明的文字被称为甲骨文的由来。利用烧烤龟甲的裂痕并加上文字图案的注记，成为占卜的注记，也因此甲骨文的英文翻译就是"神谕"。

中华文明发展于长江黄河之间，推测仓颉造汉字起源于公元前 2700 年左右，到了商朝甲骨文才算成熟。汉字可能是三大文明中最晚形成的系统，却是唯一成功延续演变至今的古文字。可能因为幅员广阔，人口众多，尽管朝代更替，文字文化推广与普及率较高，也少有灭族之祸，随着统治者与典章制度的更改与造字的自由，字符越来越多，难以发明更有效率与庞大的文字系统来替代。

文字的发明影响了人类的各个层面，原因可能就是通信的需求，而"信"这个字，就是"人"跟"言"的组合会意字，也就是人说的话，有了文字之后，除了可以记载非常庞大的信息量，也使得信息变得可携带。

1948 年，克劳德·艾尔伍德·香农利用热力学的概念，对文字可以携带的信息量进行分析，比如说英文只有 26 个字母，虽然英文简单好用，但是要完成一个完整的信息长度却要花比较多的字符数；中文约有 4—5 万字，虽然中文字数多，但是造字与发音大多有迹可循，又没有复杂的句型与文法，因此中文是沟通效率最高的文字，而且由于文字字符数固定，横向竖向，左向右向，均可解读，也非常适合作为信息加解密，用途众多，难怪可以流传数千年。

文字一直是通信的核心，后世的通信技术也多围绕着文字而发展。能够掌握通信技术的民族，也往往是历史上的成功者。有了稳定的文字之后，通信也正式跨入传输技术的发展时代。

中国商代甲骨文字和另外两个古文明一样，可能都是为了排列整齐，而形成方方正正的字符，与欧洲以发音为主的声符，长短高低拼凑而成的单字，有着很大的基本差异。

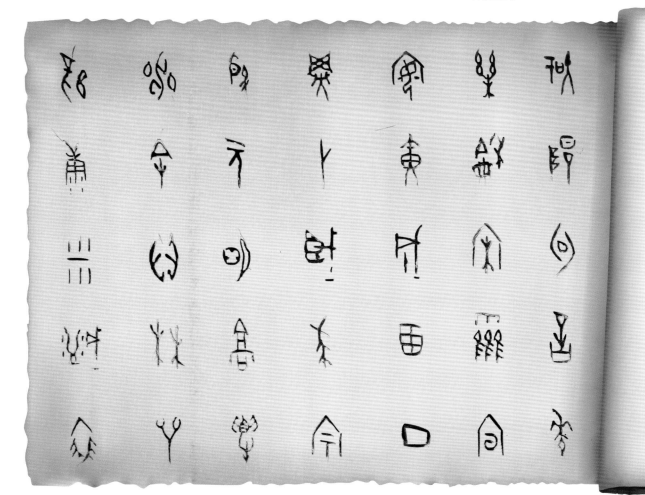

传输技术的发展
各式各样的通信媒介

古埃及的莎草纸卷上画着典型的埃及神话内容，因为莎草纸多制作成纸卷，作品与题材多呈横向延伸。

信息载体的发展

　　文字发明之后，接下来就要想办法把文字移动才能开始通信。这样一来，记录文字的载体就事关重大了。泥板、龟甲容易碎，石头又搬不动，总是要找点比较轻薄短小又耐用的媒介，才有办法传递多一点信息，所以通信的第一次技术革命就在于载体的轻量化。

　　莎草纸大约在公元前 3000 年前出现，是目前发现最早的书写载体，利用当时盛产于尼罗河三角洲的纸莎草茎制成，也是古埃及人大量使用的载体，而且还能够出口到古希腊等地中海文明地区。随着古埃及被古罗马灭亡，制作莎草纸的传统技术也因缺乏记载而失传。

虽然莎草纸非常轻便，但是却不耐化学药品或者日晒，因此不易长期保存，羊皮纸是其中的一种替代方案。虽然称为羊皮纸，也有用小牛皮为原料制成。公元前170年左右，帕加马国王欧迈尼斯二世是目前已知最先使用羊皮纸的人。羊皮经石灰处理，剪去羊毛，再用浮石软化，《圣经》的死海古卷就是采用羊皮纸所做成的。

死海古卷由羊皮纸制成，相对莎草纸，羊皮纸的耐化学性较好，能够保存较长的时间。

相对西方采用莎草纸与皮革做成的载体，中华文化则由绳结、龟甲、石板、泥板进步到竹简、丝绸与绢布，最后到了纸张。中文字"册"的象形字，其实就是竹片穿绳串起来的形状，在《尚书·多士》中提到"惟殷先人，有册有典"，而且在甲骨文中就有"册"这个字，所以推测在商代时就有竹简的存在，在《左传》和《国语》中也常提及"简策"，像"籍"字也是以竹为部首。

汉代竹简上面刻了密密麻麻的文字以及符号，竹简是比较大众的文字载体，一直到蔡伦造出便宜又好用的纸张之后才逐渐销声匿迹。

使用竹片的好处是竹子生长快，取得容易，相对也轻与平整，但是要穿线捆绑起来，对于文学巨著来说，不免还是有点笨重，丝绸与纸张就轻便多了。传说黄帝的正妃嫘祖发明利用蚕丝做成丝绸之后，高贵的丝绸除了作为衣物以外，也可以作为书写之用，不过古代丝绸成本高，一般百姓是用不起的，他们是用更便宜的原材料，树皮、树叶都是相对随手可得的材料。宋朝苏易简《文房四谱》卷四记载："汉初已有幡纸代简……蔡伦锉故布及渔网、树皮，而作之弥工，如蒙恬之前已有笔之谓也。"所以许多人以为东汉蔡

伦发明了纸，蔡伦其实所做的是改良，但是从此之后，纸张就成为最主要的信息载体了，一直到科技时代才被磁盘与塑料以及芯片所取代。

快马加鞭再加鞭，但是信要寄到哪里去啊？

有了文字用以简化信息，也有了书简纸张与丝绸降低重量便于运送，接下来就是怎么送信的问题了。这很简单，出门就对了！虽然知道要送给谁，可是怎么知道对方住在什么地方呢？

在选择传输工具之前，还有一件很重要的事情，就是知道要送去哪里，怎么描述"地点的位置"呢？当然现在大家都知道要写地址，可是地址又是怎么来的呢？

很可惜，现在我们还不知道地址系统的起源，但很容易确认的是每个文化的地址系统似乎都不同，就跟每个文化起人名的规则也不同一样。我们可以从姓名的起源设想地址的起源。那么"姓"是怎么来的呢？黄帝姓黄吗？亚当跟夏娃有姓吗？

每个人需要有个名字以便识别，这是很正常的事

世界上最早的自黏付费邮票，1840 年在英国首次发行，面值 1 便士。

秦朝时候，四匹马车为皇帝专用，三匹马车是大将军、丞相以及诸侯王所用，两匹马车则是士大夫所用，由此也定义了驰道的宽度要求。图为出土的秦朝兵马俑。

情，但是姓氏是怎么产生的呢？传说 2 万年前三皇五帝中的伏羲（xī）氏姓风，在许多史籍中都可见：《帝王世纪》有"伏羲氏，风姓也"，《竹书纪年》有"太昊伏羲氏，以木德王，为风姓"，宋代邓名世《古今姓氏书辨证·一东》有"风，太昊伏羲氏之姓。黄帝之相风后，即其裔也"。说明风是比黄帝还要更早的姓氏，至于为什么要姓风呢？虽然找不到原因，但是并不是指伏羲氏本身姓风，而是他创造了姓氏，而且"女娲与太昊同母，佐太昊正婚姻，是云神媒"，还规定了女人要从夫姓的习俗。其他人的姓氏又是怎么产生的呢？通常就有不同的来源了，比如说贵族生小孩之后，受赐的封地可能变成小孩的名字，封地内的人民，可能就以封地为姓，代表是领主的人民。有些百姓迁徙而脱离统治的，就想要改姓，这时候就有可能以自己的职业为姓，或者君主诸侯会"赐"姓，也变成姓氏的由来。

当姓氏与地名开始产生联结之后，地址的概念就开始形成了。但是地方小还容易，地方大、人口多就相对困难了，所以秦始皇统一六国后，就开始实行"书同文、车同轨、行同伦"，也开始定义了行政区域，秦始皇 26 年（公元前 221 年）灭齐后，采纳丞相李斯的建议，取消分封制度，废除诸侯，改采单一郡县制，分天下为 36 郡，同时又以首都咸阳为中心，建立驰道以便巡视，因此开始有了道路的名字，也开始设有驿站以便官方通信使用，形成了最早的邮务网络系统。

驿站最重要的功能之一就是停放马匹、提供马粮以及供信差休息之用，快递则会换马换人继续寄送，连夜赶路，不辞风雪。

早期的信差大多单枪匹马，但是进入平民百姓时代之后，就采用马车运送信件跟包裹。古代的驿站仅供军事与皇家使用，平民则要通过镖局自费运送货物。

是天使的号角，还是战争的号角？

人类的文明史，其实就是一部战争史，所有的神话与经典，都围绕着战争，希腊神话中宙斯与巨人族，《圣经》中古埃及人与两河流域民族，中华文化的黄帝与蚩尤，都是文明与战争关联的证明。文明的发展导致战争，为了战争又发展了文明，人类文明的关键技术——通信，自然也与战争形影不离。

实体的信件固然可以通过人力、兽力运送，但是当情况更为紧急时，要如何更快速地传递信息呢？有比马跑得更快的驯养动物吗？很难，但是人类发现有两种方式更快，就是声音与光线。马匹狂奔时大约时速 60—80 千米，声音在空气中的传播速度可以达到每秒 340 米，也就是时速超过 1200 千米，在木头、水中，或者钢铁、石头中的传播速度更快，光速更是可以达到每秒 30 万千米。

人类很早就懂得利用各种乐器将声音集中放大而且传远了，既然说战争就是促发科技的原因之一，能够投入战场使用的鸣声信号，传声效能也最好，就是

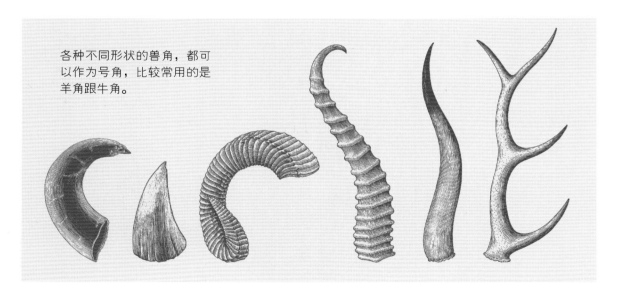

各种不同形状的兽角，都可以作为号角，比较常用的是羊角跟牛角。

号角与战鼓。目前发现最早的鼓，出现于公元前 6000 年的两河文明，而在中华文化中最早的鼓是马家窑文化出土的"土鼓"，大约在公元前 3000 年左右。而号角的问世，则可能是远古人类发现当野兽的角腐烂后所剩的坚固外壳（也有海螺外壳，或是将原木削成兽角状之物）能发出吓人声音，便将其作为战场上惊吓敌人之物，或者在祈雨仪式上使用。中国五音"宫商角徵（zhǐ）羽"首见于公元前 2600 多年的春秋时代，在《管子·地员篇》中所提到，其中的"角"，则是木头的角，是敲击木头的声音，而兽角做成的号角，则推测是在东汉时，才由边疆的少数民族传入的。

流传至今的号角，仍然在中东地区被使用。

　声音的利用，不只体现在主动的传播，其实也体现在被动的听取，早在春秋战国时代就有了一门技术，叫作地听，也就是将耳朵贴在地上就能够知道多远的地方大概有多少人马靠近。作为信息传输方法之一的声音，虽然快，也可以扩大，但是要传得更远，就要使用不同的器具，也要将节奏放慢，更大的问题就是，虽然想听的听得到，但不想听的也听得到，不该听的也听得到，重要信息怎么保密呢？

通过将耳朵贴地，能够听到远方传来的声音，跟据声音的大小，能够判断距离的远近。

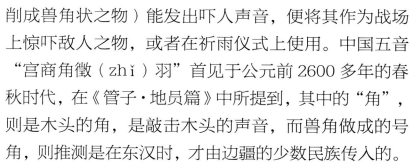

烽火台大多搭建在地势较高与视野较好的地方，才能够让烽火与产生的烟容易被看到。

现代大多采用手持式的烟雾弹取代狼烟，一来可随身携带，二来颜色明显容易识别，三则不需要起火燃烧，容易使用。

烽火与狼烟

声音虽然容易产生与扩大，但是也容易受到干扰而听不清楚，因此传递更远距离的信息时，就显得有些力不从心了。而利用光作为信息传递方式，就有更好的优势，就像晋明帝所说"举目见日，不见长安"。

最早的"光通信"——烽火可以追溯到公元前2700多年，在《轩辕黄帝传》中提到了"又得风胡为将，作五牙旗及烽火战攻之具，着兵法五篇"，可见烽火早就发展为战争的工具之一。烽火因为可见度高，可以传送的距离长，但是要架高台或者找地势较高的地方，架设的距离大概在十几千米到数千米之间，才能够超越兵马进攻的速度，争取反应的时间，传递的也就是单一的信息。

除了烽火以外，另一种常见的"光通信"就是"狼烟"（可能是因为烧的是狼"大便"而有此名），据说是因为产生的烟比较集中不会散，所以能够飘得高

而被观察到，成为随处可用的烽火替代方案。不过狼是野生动物，哪来这么多大便可以烧呢？因此也有人认为狼烟中的"狼"，是胡人外族的象征，因此是具有警告外敌入侵的含意。但无论如何，起狼烟可作为通信方法，是毋庸置疑的。

灯塔大多盖在海边，作为来往船只的航标，也可以协助飞行器标定位置。

烽火与狼烟的优点就是可见度高，传递速度快，缺点是只能够传递单一信息，没有办法像多炷香一样，那么怎么能够传递更多的信息呢？

这就要提到世界最早的灯塔，也就是古埃及亚历山大港附近的法洛斯岛上的法洛斯灯塔了。在亚历山大大帝死后，他的手下托勒密称霸古埃及，建都于亚历山大，因为亚历山大港附近的海道十分危险，托勒密下令建造法洛斯灯塔，于公元前 290 年完工，依靠燃烧石油产生灯光，再利用后方的镜收集光线，然后反射出去。由于海上无障碍物，所以据说灯光能照射到 56 千米外的海道。不同于烽火与狼烟的四散，集中的光线就可以被开启与遮断，因此就可以通过启闭时间的长短，作为不同信息的传递之用。

古代的光通信虽然原始，但是为未来的光通信打下了基础，而且由于光的速度是目前已知最快的，是现在与未来超高速与超大量通信的首选技术之一。

托勒密

托勒密（公元前367年—公元前283年），马其顿亚历山大的部将，古埃及托勒密王朝创建者。公元前305年，他宣布自己为古埃及的王，即托勒密一世，建都亚历山大城，并在该地修建图书馆和博物馆。

飞鸽是怎么千里传书的？

回到时代的现实里面，声音与光都还没有办法传送大量的数据的情况下，最简单的信息传递方式还是通过人力与兽力了。马匹，就是速度与乘坐的首选。

出现在地球上超过五千万年的马匹，依据考古的结果，最早起源于北美洲地区，一直到大约公元前 6000 年才受到中亚地区的人类驯养。马匹不只在战争中需要，也是人类最好的动物交通工具。信息传递的中继站驿站的"驿"字，就是采用"马"为部首。

马是地面上跑得最远最快的动物，可以乘坐可以送信，那么空中的飞鸟不能运用吗？"飞鸽传书"流传已久，鸽子的时速最快可达 150 千米，平均时速在 70—80 千米，虽然离鸟类的王者老鹰 300 千米／时的速度有很大的距离，但是容易驯养，又有归巢性。在和平鸽与橄榄枝的圣经故事中记载，上帝对人类的罪行十分不满，决定用洪水毁灭地上一切，推测在距今 4300—4800 年前，诺亚方舟载着世上一些动物（每种一公一母）在灭世洪水上漂浮了 150 多天后，诺亚便放出鸽子打探洪水的情况，鸽子回来时，嘴里衔着一片橄榄叶，让诺亚知道洪水已经消退。所以我们不难理解人类在上古时代就已经发现鸽子的归

古代的邮差，送的不只是实体的信，也需要随身携带号角作为警告信息使用，战争时期更要随身携带武器防身与防抢，是重要而且多功能的职业。

从秦代兵马俑可以看出，当时的马四肢较为粗短，不如欧洲的马细长。

巢性而且将其驯化成信差使用。

　　鸽子是有归巢性没错，但是要传书还得要知道对方的地址，难道鸽子可以识字或者辨人，把信件送到没去过的地方吗？其实是不可能的，必须先把已经有归巢性的鸽子从收信人的巢移出至寄信人的地点，再将信系在鸽子脚上，放出后鸽子就会飞回收信人的巢，而达到飞鸽传书的目的，属于单向的快递，鸽子是不会再飞回寄信人手上的。不过鸽子到底能够离巢多远呢？在 2005 年 9 月 23 日，浙江一位鸽友在喀什香妃墓放出一只名为"创世无敌"的信鸽，在 12 月 16 日信鸽顺利回家。直线行程超过 4300 千米，已经超越美国"蓝巴龙"在 1981 年创造的世界纪录。

　　但是鸽子到底为什么能够跨越这么远的距离回到家呢？虽然有太阳罗盘说、地磁罗盘说、记忆引导说、视觉引导说，其实都未得到证实，原因仍然不得而知。

脚上如果带环，通常代表是赛鸽，赛鸽身价不菲，也常有绑架或者调包的情况，现在许多脚环都增加全球定位系统功能，确保赛鸽的安全与比赛的公平。

飞鸽传书的文化全球皆有，鸽子也是邮局普遍的形象与符号代表。

箭要射得远，就必须采用仰角满弓射箭，通过重力加速度的加持，也能够产生足够的穿透力，除了箭书以外，也有短距离的镖书。

瓶中信，漂洋过海来看你

虽然看起来有这么多种传信方法，有声音、有光、有烟，还可以用鸽子跟马匹，可是这些都不见得随手可得，尤其是鸽子要养，也没有办法去任何地方，马匹更是所费不赀，还有什么简便的方法可以传信呢？

有飞鸽传书，也有"飞箭传书"，简称"箭书"，也就是系于箭上而随箭发射以通消息的文书。在《宋史》中有提到"官军围城，每射箭招诱，及令均子弟至城下，均皆不得知。得箭书，皆悉焚之"。所以在声、光、烟均不可以用，禽畜也无法走动的情况下，就只好利用弓箭将信息绑上之后射出，收到信息后就焚毁，也就不至于让机密外泄了。可是弓箭能够飞多远？在目前的世界纪录中，麦特·斯捷兹曼在2015年创下了最远283.47米还可以命中红心的纪录，扎克·克劳福德在2010年创下了最远达500米的一般弓箭距离纪录，紧急围城之时，也还算是勉强够用。

"瓶中信"是另外一种特殊的传输方式。历史上第一个瓶中信是在公元前310年，由古希腊哲学家泰

瓶中信必须要塞好不能进水，才能在水面上漂流。目前间隔最久的纪录是德国远洋轮葆拉号，在1886年于印度洋抛掷，作为洋流研究用的其中之一，直至2018年才被一对澳大利亚夫妇捡到。

奥弗拉斯托斯所创造的，他将放有信息的瓶子掷到海中，以便研究地中海的水是否由大西洋流入。通常河流或洋流流动很慢，距离又很长，又容易被截取或破坏，除了浪漫的情怀或者

科学的研究以外，瓶中信还真不实用，只有在16世纪的英国海军将瓶中信认真作为战争用途，把敌军位置用瓶中信送到岸上，因为怕数据被截取，英国女王伊丽莎白一世还下令，禁止任何人打开"封塞之海中瓶"，否则必被处以死刑。

天灯历史悠久，制作简单，粘好的纸张架设蜡烛后点火就可以因为冷热空气密度差缓慢升空，现在多于纸上写字，作为过年过节祈福的用途。

　　最终一种特殊的信息传输方式就是利用空飘气球。最早的热气球其实就是"天灯"，也被称为"孔明灯"，相传源自中国四川平乐古镇，三国时代诸葛亮被司马懿困于平阳，制成纸灯笼系上求救信息后，再计算风向放上天空，而最终得以脱困。说来容易，可是天灯到底可以飞多远呢？影响天灯飞行距离的因素有两个，一个是燃料，另外一个是侧向风速。依据目前中国台湾平溪灯节贩卖施放的天灯设计，经过计算大约最远可以飞5000米，诸葛亮如果把天灯做得更大，燃料更多，又在风大的时候施放，应该是可以飞得更远的。虽然热气球可以作为通信工具，不过通信的实用性如同瓶中信一样不佳，后来反而发展为交通工具更为实际。

在19世纪末发明的气象气球上会吊着温度计、风速计、照相摄影机或者物质传感器，最高施放到30千米高，超过平流层的高度，在人造卫星发明之前，是最主要的高空观测设备。

秘密通信技术的发展
密件的形成与做法

吃

喝

谢谢

对不起

手语不见得是直接代表信息内容，有些手语则只是用来显示字母，将字母记下来之后，才能够显示完整的信息。

密语暗示，藏头诗引来杀机？

战争总是促进技术发展的关键，《孙子兵法》就提到"不战而屈人之兵，善之善者也。故上兵伐谋"，即最好的策略是不发动战争就能够获胜，所以谋略是最重要的。而谋略也是最不能够让敌人知道的，大声嚷嚷、明目张胆地调兵遣将等都会让计谋曝光，因此所有通信都必须保密，不能够让敌人看到。目前新时代的通信技术发展，也大多集中于"保密"上。

保密的方法五花八门，其中之一就是采用"密语"，也就是用不同的语言——一方讲日文，一方讲英文，无法沟通，也无法了解。可是万一双方是同样语系的，这招就行不通了。另一种方法就是使用暗语，也就是只有双方约定使用的词汇，有一些"黑话"就是使用暗语来沟通。比如说清代民间秘密结社之一天地会的黑话中"打鹧鸪（zhè gū）"为打劫，"踩盘子"或"踩点子"指事先侦察要行劫、偷窃的对象。青帮黑话"扑风"为劫匪，"寻"为偷窃，"走沙子"为贩卖私盐等。但是这种暗语通常很口语化，久了也很容易被破解，最后甚至还变成通用俚语。

跟你说一个秘密

暗语行不通的时候，就来暗喻吧，"郢（yǐng）书燕说"就是暗喻的有趣故事，春秋战国时期《韩非子·外储说左上》："郢人有遗燕相国书者，夜书，火不明，因谓持烛者曰：'举烛。'云而过书'举烛'……燕相白王，王大悦，国以治。治则治矣，非书意也。"虽然言者无心，听者有意，但是也说明了人们确实会猜想某些特别字词是否有暗喻的情况。

除了暗语、暗喻以外，也可以通过错别字来进行保密通信，比较高段的技巧就是嵌字文了，有藏头、藏尾以及其他方式。其实起源并不可考，但是很容易在文学作品之中看到，比如说《水浒传》里有着："芦花丛中一扁舟，俊杰俄从此地游，义士若能知此理，反躬逃难可无忧。"乍看之下没有特别，但是只看每句诗的第一个字，就可以看出"卢俊义反"的暗语。甚至也可以用打散重组的做法，让一句话产生不同的含意，当然最复杂的就是谜语了，《易经·归妹·上六》中"女承筐，无实，士刲羊，无血"，谜底是"剪羊毛"，可能是最早见于文字的谜语了。

ASAP
OMG
Orz
THX

现代在网络上也有许多通用的暗语，有些是为了提高打字速度而采用单前缀字母结合（ASAP/OMG），有些是利用造型（Orz），有些只是撷取重要字母而成（plz/thx）。

希腊神话中除了斯芬克斯会用谜语以外，牛头人身的弥诺陶洛斯也创造了迷宫以及谜语考验英雄忒休斯，迷宫式的花园也是欧洲很受欢迎的造景。

三百壮士的斯巴达密码棒怎么破解？

不是只有中华文化有谜语，西方也有，比如说希腊神话中，希拉派了斯芬克斯用缪斯所传授的谜语询问过路人，猜不中者就会被它吃掉，谜题是："什么动物早晨用四条腿走路，中午用两条腿走路，晚上用三条腿走路？腿最多的时候，也正是他走路最慢、体力最弱的时候。"由此可知，谜语是在史前时代就有了。

而密码就比谜语保险一点，只要记得就好，可是万一密码被窃取了怎么办？因此必须让密码更神秘一点。《六韬·龙韬》中便记载了周武王问姜子牙关于主将之间秘密通信的方式：

太公说："君主和将领之间可以用阴符来沟通联系，分为8种。大获全胜、战胜敌人的兵符，长一尺；擒拿敌军将领的兵符，长九寸；攻克敌人城池的兵符，长八寸；退敌报知远方的兵符，长七寸；警告士卒加强防守的兵符，长六寸；请求粮草补助的兵符，长五寸；我军兵败将领阵亡的兵符，长四寸；我军失利士兵阵亡的兵符，长三寸。"

武王又问太公说："若事情繁杂，用阴符难以说明问题，彼此相距又十分遥远，言语难通。在这种情况下应该怎么办？"

符就是用于记载信息，图中的虎符就是代表兵权的授权，有了这个虎符，就有权力调动军队执行作战。符一般不易仿造，以免混淆。

太公回答道："所有密谋大计，都应当用阴书，而不用阴符。国君用阴书向主将传达指示，主将用阴书向国君请示问题，这种阴书都是把一封书信分为三个部分，再派三个人送信，每人只是其中的一部分，即使送信的人也不知道书信的内容，这就叫阴书。"

其中阴符就是通过八种长度不同的符来表达不同的消息和指令，所以除了有符，还得要有对照表，光有表或光有符都没有用。阴书就更复杂，利用文字的移位元法，把一份信息分为三份以上，分三人以上传递，每一份子文件都是不连续的叙述，如果要读取完整信息，就必须把所有文件依序重新拼合才能获得原始信息。

西方有另外一种密码，最早可以追溯到公元前 7 世纪，是一位古希腊诗人阿尔基罗库斯提到的密码棒，公元前 5 世纪的斯巴达人就将其运用到军事中，密码棒加上一条刻印好字母的皮带，当发信人将缠绕在密码棒上的皮带解下时，皮带上的文字可能没有任何意义，但是将皮带缠绕在一根直径正确的密码棒上的时候，就会出现原先被隐藏的有意义或者目标的信息，据说就是因为这样保密，所以斯巴达人赢得了战争。利用移位的加密技术，就有赖于数学处理以及逆向处理，如果用粗细一致的密码棒，那就是关键词的间隔相同；如果用粗细不一的密码棒，那逆向处理的方式就会不同。因此密码的产生与加密，演变成为一门独特的数学。

密码是最简单好用的保密方式，现在也有利用其他方式减少密码被窃取或者忘记的风险，像是通过问题进行提示，或者利用第二种密码作为备案，但是越来越多的密码反而使得大家越来越难记住密码，甚至

密码棒示意图，当长长的一条印有字母的皮带绕在固定直径的圆棒上时，就会出现具有意义的文字，像上图中显示的就是人名"SOPHIE"。

常常会有人为各种不同账户设定不同密码，又因为怕忘记哪个账号用哪个密码，还把密码抄在笔记本上，结果反而使密码失去了本身需要保密的意义。

有些人偷懒，就把密码记在纸条上或者抄写在银行卡上，所以如何提升密码的安全性是秘密通信的关键技术之一。

你知道旗语是什么吗？

引人注意的文字、符号总是让人想要破解，有没有相对简单又没有暗示的秘密通信法呢？这不得不提起童军的旗语了。旗帜的发明时代已不可考，但从旗的甲骨文字来看，本身就是一根直立杆上绑有布条而随风飘扬的形状，所以应该就是立地标示的作用，可以利用不同颜色、不同形状，写上不同符号，作为识别之用，不只作为地的辨识，移动的人、车、船舶都可以拿来用。

1684年，英国人罗伯特·胡克开始利用悬挂不同而明显的符号进行通信。1793年，法国人克劳德·查普则利用十字架左右木臂上下移动，产生不同的位置和角度可以表示不同字母，称为"信号"。

古代人发现，当发信位置不固定，没有办法携带更多设备来显示较多信息时，混合颜色与姿势的手持双旗语就可以派上用场了。双手各拿一面方旗，每只

"旗"字形的演变

旗的甲骨文就是一根叉子上有着布条飘扬的样子，到了后来增加了鼎在旁侧，逐渐演变成今日的字形，而且还采用"其"的字音。

甲骨文	甲骨文	金文	金文	金文	篆文	篆

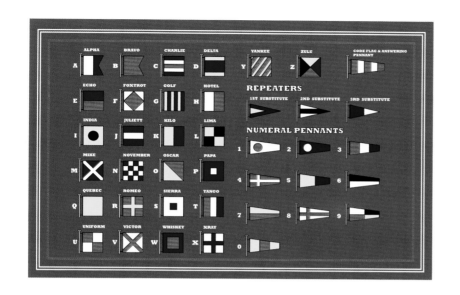

手可指出 7 种方向，而除非显示等待信号，两手两旗不会重叠。为了确保旗的颜色不会与背景混淆，旗帜上沿对角线分割为两个高对比度的颜色，在陆地上使用的是红色和白色，海上则是红色和黄色。由于单手就能够利用七个方位，双手与不同旗的结合，就可以显示出非常多的组合旗语，但真正让旗语能发挥威力的是阿拉伯数字进位系统，因为可以将旗语改成显示数字，而数字就可以跟信息产生几乎无限制的对照联结，成为更庞大更难解的信息数据库了！

碉堡上方旗杆悬挂的就是产生信号的装置，可以看到由下方旋转控制装置做方向以及位置的改变。

"SOS" 三个字原本并没有任何字面含意，纯粹用于求救，因为单纯而且有差异化，不易与其他字词混淆，但是最后大家还是给了一个英文句子 "Save Our Ship"，以便记忆与了解。

| 隶书 | 楷书 | 行书 | 草书 | 标准宋体 |

"0" 对通信很重要吗？

数字在人类生活中是不可或缺的，远古时期也可以看到木头、骨头或石头上的计数符号，但是在旗语上才能看到数字进位系统对于通信的巨大影响。在印度人发明阿拉伯数字之前，世界上有不同的数字进位与记录系统。在公元前8000年至公元前3500年间，苏美尔人把黏土记号像珠子一样串在一起计数，在大约公元前3100年，数字元与被计数的事物分离，成为独立的抽象的符号。

如果数字只是自己使用而且数量不大，那几进位问题还不大，但是数量一大而且要跟人沟通与交换记录，那就要准备与实际数量相同的数量代表物或者划记，要核对数量也会变得非常困难。这时就必须发展所谓的进位系统，以更大的单位或者表示方法来简化，算盘就是一个典型的进位计算系统。

在公元前2700年至公元前2000年间，苏美尔文化逐渐演变成了一种常见的六十进制系统；罗马数字则是用较为复杂的进位法；中华文化采用的则是十进制，但也有天干地支混合成的六十进制记数；中美洲的玛雅数字采用二十或十八进位法。在公元前2400年的巴比伦就可能有算盘，而在公元前五世纪希腊希罗多德的作品中，就有记录古埃及人也有使用算盘。

算盘虽然解决了计数的问题，但是要"显示"或者

苏美尔人的楔形文字也用来记录数字，而且采用不同的符号代表进位的概念，10是一个进位点，60也是一个进位点，100、1000都是一个进位点，不太规则，而且还有通过位置摆设而产生类似加法或乘法的概念。

"说"数字则是另外一个问题，因为现有的文字系统是整齐的，却没有办法显示"零"的概念，因为"零"就是不存在，在意义上是没有办法产生划记的，因为"空无"是无法描述的。罗马数字就用了不同的符号代表进位之后的数字，中文则是用十百千万亿兆来避免零的问题，反正约定俗成大家听得懂就好。但是随着数字越来越大，就必须命名新的单位，所以"0"的出现，才是印度阿拉伯数字的最大贡献。

　　"0"的出现，可追溯到公元前2000年，印度佛教中有"绝对无"的哲学思想，其最古老的文献《吠（fèi）陀》内已有"0"概念的应用，就是表示无（空）的意思，相对其他数字是以转折形成的角数作为依据，

1	I	11	XI	50	L
2	II	12	XII	100	C
3	III	13	XIII	500	D
4	IV	14	XIV	1000	M
5	V	15	XV		
6	VI	16	XVI		
7	VII	17	XVII		
8	VIII	18	XVIII		
9	IX	19	XIX		
10	X	20	XX		

罗马数字与楔形文字的概念就不同了，不纯粹用加法，还采用减法，也增加明确的符号代表进位后的数字，但是进位规则主要是5跟10的倍数。

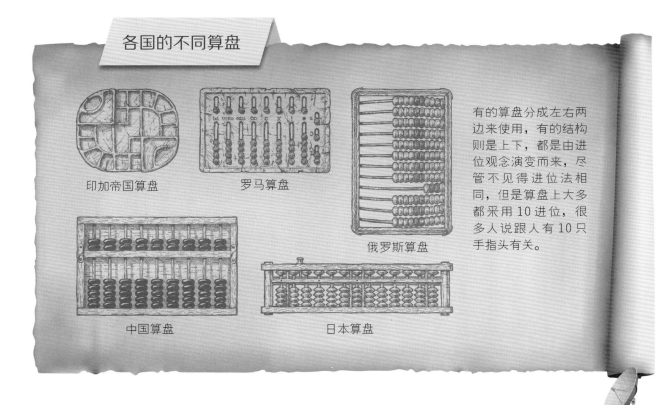

各国的不同算盘

印加帝国算盘

罗马算盘

俄罗斯算盘

中国算盘

日本算盘

有的算盘分成左右两边来使用，有的结构则是上下，都是由进位观念演变而来，尽管不见得进位法相同，但是算盘上大多都采用10进位，很多人说跟人有10只手指头有关。

最早印度数字是通过角的数量来作为记数的依据，跟现在的书写有些差异，所以数字越大，笔画也会更复杂一点，0的出现占掉一个位置之后，数字的表示法就可以完全跟算盘的表示相同了，也不再需要创造单位字词，非常便利。

书信被捆起来之后，盖上泥巴后盖印，如果要看其中内容就必须破坏封泥或者剪断绳索，或者重新制作一份一样的封泥了。

一个圆形也刚好是没有任何角的存在。到了公元733年，印度一位天文学家访问巴格达的时候，介绍了这套记数方法，因为简便好用，不久就取代了之前阿拉伯的数字系统，阿拉伯人在中世纪贸易与武力强大，这套数字系统也随之传入了欧洲，最后大家就误以为是阿拉伯发明的了。中国古文字当然也有"零"，不过并不是"空无所有"而是"零碎"的意思，所以原本"一百零五"的意思是"在一百之外，还有一个零头五"，"一百"是没有人念成"一零零"的。

当数字的"0"上场之后，配合上10进位，旗语就可以改成显示数字而不仅仅只是显示特定的信息了，可以通过数字与信息对照表而产生基本上无限制的信息数目，数字化与进位化的旗语就非常难以破解了，也代表通信走入了数字时代。

封缄（jiān）让书信开始有了包装与保密的做法

谜语、密码与暗语固然可以将信息保密，可是万一被破解了，只要破解者不动声色，也不采取行动，采用者就反而暴露在更危险的状态之中，因此另外一种保密做法就是把信息封存起来，这样就不会被开启，被开启时会留下痕迹，或者是在开启时信息就会被破坏或者销毁。

把信息封存的做法，最简单的就是拿个东西包起来，用绳子捆住就好，在《战国策·齐策》提到齐王服剑"封书"以感谢孟尝君，也就是说战国时代已经

有将信息封起来的做法了，而"缄"就是捆东西的绳子或者信的封口。秦代时一本奏章就是一捆竹简，所以为了保密，官员要将竹简捆好，糊上泥团，并盖印，烤干后，奏章呈送验查，如果封泥完好，代表未被拆阅，叫作"封泥"。

从考古得知，秦汉时代有三种封信的方法：检封、函封与囊封。检封又叫"检署"，是在写好字的木片上再加盖一片木板，以便盖住信的内容，然后再用绳子绑好，而这片木板就叫"检"。而且在"检"的两侧刻了线槽，以便捆绳打结，之后将封泥压上绳子，最后在封泥上加盖印章，完成"封"的动作。复杂一点的还要再套上一个囊，然后在布囊外再加一道检，也就是双重保险的概念，这些保密做法，统称为"封缄"。

西方则是大约在 16 世纪利用蜡对信封封口，也叫封蜡、火漆。将融化的蜡油倒在信封封口中间，再盖印，后来利用蜂蜡、虫胶、松脂等混合与着色后，显得高贵典雅而蔚为时尚。

盖上邮戳的邮票，除了证明有经过邮务机关的处理以外，也让邮票不可重复使用，也使得邮票变成类似钞票的有价证券。

现代的仿古式封缄法，利用不同颜色的蜡泥加热融化后加上钢印固化，浪漫又有个性。

停在木头上的枯叶蝶，就像一两片枯叶一样，几可乱真，细长本体也不易识别。

使用错误的刺青颜料与方法在头皮上刺青，可能破坏毛囊而让头发长不出来。

还有什么保密的方法?

密码、谜语以及封缄与旗语，都是可用的做法，但是显而易见的信息传递过程，就是容易引人怀疑，如果看不到传递过程，那怎么会有被破解的风险呢?

怎么把信息隐藏起来呢? 藏头诗还是看得到信息啊! 伪装术并不新鲜，动物往往就是伪装的高手，像变色龙、树蛙、枯叶蝶、竹节虫，等等，都很厉害，可是信息怎么伪装呢? 公元前227年的荆轲刺秦王就是利用燕督亢地图和樊於期的人头，隐藏了自己刺秦王的动机跟武器。也有传说元朝末年，朱元璋打算推翻元朝统治，但是为了避开元军严密的控制，刚好中秋节快到了，刘伯温献上一计，就是在中秋节大家会互相赠送的月饼里面夹进纸条，上面写着"八月十五杀鞑子"，秘密地传递了起义的日期。尽管不成功便成仁，伪装术确实是一门历久不衰而且大家津津乐道的信息保密技术。

除了利用平常的事物隐藏明显的信息以外，另外一种大家熟知的手法就是利用图像来隐藏信息，也分成多层次遮蔽法以及图像法两种。多层次遮蔽法比较简单，据说可以追溯到古希腊早期，公元前四百多年的希罗多德作品中，提到古希腊人把奴隶的头发剃光之后，刺上秘密信息，这样重新长出来的头发就能隐藏这些秘密信息; 也提到薛西斯皇帝集结遮天蔽日的大军准备入侵古希腊前，斯巴达流亡者利用刻字的木板盖上蜡来发出警告信息; 其后也有人发明了将墨水写在白杨木上后刷上白漆保密的方法。另外也可以运用图像本身的记号、线条、比例或情境而产生暗示，

比如说达·芬奇的《最后的晚餐》、米开朗基罗的《创造亚当》也都被认为是有暗喻的绘画。

传说中达·芬奇的《最后的晚餐》中，暗喻了耶稣妻子的存在，不过众说纷纭，是有名的争议画。

　　用密码、事物包装，用图画隐藏，都还是冒有被发现的风险，有没有把信息真的隐形的做法呢？这时候隐形墨水就派上用场了。

　　据说最早隐形墨水来自于古罗马古典主义诗人奥维德（公元前43年—公元18年）在《爱的艺术》中提到的方法，建议如果有女士想要完全绕开信使，就可以用亚麻籽油在羊皮纸上写下信息，或者用新鲜牛奶书写，之后再用煤的灰烬触碰便可以显示。在中国最早的隐形墨水则是用明矾水写字，晾干后字会消失，再把纸浸水，字又会出现，据《金史》记载，金宣宗贞祐四年（1216年），蒙古围攻太原，宣抚使乌古论礼便"遣人间道赍（jī）矾书至京师告急"。隐形墨水与显像的策略也不止泡水或是火烤两种，但将信息隐形化，也成为后来通信技术发展的一大显学。

隐形墨水种类繁多，但是要搭配对应的显影方式，现在多舍去破坏性的显影方式，图中就是利用紫外光照射而显影的做法。

电通信技术的发展
通信保密的提升

闪电往往是众神之首的武器，象征威力与速度，希腊神话中宙斯拿的魔杖其实是引雷的导体，北欧神话中托尔拿的铁锤则是可以与其他物体敲击摩擦而产生静电。

小小电报不简单

　　秘密通信的需求，促使了数字通信的技术发展，虽然旗语能够对照几近于无限制的信息，而且可以表达出 0—9 的连续数字，但是毕竟旗语过于张扬，也有场地限制，因此虽然内容是保密的，行为却曝光了，势必要用更隐秘的方式发送信息才可以，有没有比隐形墨水更隐秘的通信方式呢？要跟光一样快，但是又不能被看见，也不会发出声音，更不会需要化学反应，有没有这样的传输方法呢？

　　电，恰恰就满足了这个需求。随着电变得越来越可以掌握，终于开始有人研究使用电来传递信息的可能性。1753 年，推测是查尔斯·莫里森提出使用静电来发电报的构想，26 条电线分别代表 26 个英文字母，发电报的一方依照顺序在电线上施加静电。

早期的发报机为了要增加发报的速度与减少译码的复杂性，采用类似打字机的做法，一个字母连接一条线。

接收方在各电线末端接上小纸条。纸条因静电而升起时，就代表该字母的存在性。

有了电报，信息传递不但快而且远，又不会留下痕迹，还可以重复使用，实在是非常方便。不过通过静电发送的电报，还面临几个问题，首先是没电了怎么办？嘎嘎作响的发电机也不方便随时取得电力，要发送一堆信息，如果因电力不足而中断，恐怕会发生误会；另外电线越长，电阻越高，要传送精准的信号，需要更大的能量才行，所以要想想不同的做法。

1800 年，意大利人亚历山德罗·伏打利用锌板与铜板其中夹着浸有盐水的布或纸板以作为电解质，发明了史上最早的电池，也由于锌铜跟盐水之间是通过化学反应产生电，因此也称为被电化学电池。

1804 年，西班牙人弗朗西斯柯·萨尔瓦就利用了电池作为发报端，水作为收报端，当发出端接上时，另外一端就会产生电解水产生气泡，就是电化学电报方法的起源。电化学电报方法解决了电力来源问题，但是体积庞大，还要盯着气泡看，化学反应也需要一些时间，所以发电报速度就不能太快。没有更简单一点的收报方法吗？

在用水果发电的实验中，其实并不是水果具有能量，也不是水果真的能发电，主要是因为两个不同材质的金属本身因为有氧化电位差，而水果本身含水量高，又有金属离子酸类提供正负电荷的流动途径，才会造成水果可以发电的假象。

伏打电池的拆解图。为了方便通过串联将电压提高或者电流增大，也较便于携带，电池大多制作成扁平长方体。

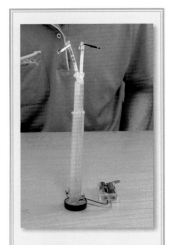

在自制的电解水装置中，只要将电源接上稍微带有电解质的水，就会产生水电解的现象，较纯的水的电解产物通常是氢跟氧，而氢与氧都不容易溶解于水中，所以会看到气泡产生。

摩尔斯电码开启了有线数字电通信时代

1820 年，丹麦人汉斯·奥斯特在主持一个电磁的讲座时突然灵机一动，将通电导线与磁针平行排列，发现磁针竟然会摆动，电流方向改变时，磁针会反向偏转，说明了电可以产生磁！ 1831 年，英国人迈克尔·法拉第提出了电磁感应定律之后，科学家发现原来电磁是可以互生的，那收报端是不是就可以改用磁针或者磁铁了？史上最早的商业电报线路就是利用 1837 年查尔斯·惠斯通及威廉·库克的发明专利，1839 年在英国作为大西方铁路两个车站间的通信使用，长 20 千米并且属于指针式的设计。接下来就要解决信号随电线长度衰减的问题了。刚开始的做法，是每隔一段距离就要通过人工方式，将收到的电报，重新用相同的电压再发送一次。万一抄错了怎么办？可以将人工方式变成自动化吗？

1831 年，美国人约瑟·亨利为了改进电报系统，发明了继电器，也就是先将电转成磁，变成一个磁铁拉杆开关，启动另外一个与源头电压相同的电池，然

后这个电池就可以用相同电压传送一样的距离，如此一来不但可以省去人力，而且只要一直不断地重复，理论上就可以传送无限远的距离了。接下来就是老问题了，一定要那么多条线吗？摩尔斯电码终于上场了！

1836 年，亨利和塞缪尔·摩尔斯、艾尔菲德·维尔三人，共同发展了一套类似旗语的信号代码系统，通过不同的排列顺序来表达不同的英文字母、数字和标点符号，称为摩尔斯电码。有了新的收发系统，又有了新的信息编码系统，正式进入了全新的数字电通信时代。而且电报系统的便利，一直伴随着人们，直到 2006 年西联银行发出了最后一则电报后，才算是正式地结束了自 1851 年起的商业电报系统。就如同其他的通信方式历史一样，电报系统发明完善后仍然继续演进出新的通信系统，其中最为成功的就是电话系统了，但是随着科技的快速发展，科技竞赛却让电话系统的发明人到底是谁，成为一场纠缠近百年的庞大科技利益诉讼！

塞缪尔·摩尔斯

出生于美国的摩尔斯 (1791—1872) 曾经是一位艺术家。放弃艺术工作后，摩尔斯开始对电报系统进行改良，并创立了摩尔斯电码。1861 年，第一条跨越大陆（由旧金山至纽约）的电报线被建立起来。1866 年，越洋传信的梦想也被付诸实践。靠着电力，摩尔斯电报系统成功突破了通信距离的障碍。

电报怎么变成电话的?

电话,就是接着电报而影响人类的最重大的发明之一,只是跟大多数人的印象不一样,加拿大人格拉汉姆·贝尔并不是最早的电话发明人,那么到底谁才是最早发明电话的人呢?

1854 年,法国人查尔斯首先提出了利用电来传送声音的想法,也就是如果人站在一个弹性的盘子前面讲话,让盘子产生震动,这样的震动可以产生切断电池电流的开关,那么另外一端也可以产生相同的开关而让盘子产生相同的震动。

德国人约翰·菲利普·雷斯则发现利用接收声音的薄膜震动做成控制电流的开关,应该也可以反向由电流通过磁,转成机械动作,敲击薄膜产生震动而发出声音。1860 年,他设计了一套可以传输声音的装置,最初可以通信的距离达到 100 米,不过很可惜,原型的效果不够好,并没有获得普鲁士电报公司的青睐。

电话实在是太重要,因此其实不只雷斯是早于贝尔发明电话的人,还有另外一位意大利裔的美国移民安东尼奥·穆齐,也是在 1850 年就开始开发电话的相关技术,而在 1856 年因为要跟行动不便的妻子通话而

罗伯特·胡克在 1664 年发明了利用锡桶与线构成的最早的无电通话系统,至今仍然被大多海军舰艇船所使用。

架设了他的第一套电话系统，原理是利用薄膜与电磁线圈的交互感应，产生了声音通话系统，可惜的是虽然他不断地发明改善，但因为经费不足，尽管提出了专利，却没有维护的经费，最终由贝尔随后取得了美国的电话发明专利。

　　贝尔又是为了什么发明他的电话呢？1863年，从小就爱发明的16岁的贝尔在父亲的鼓励下，参观了机器人中模仿人声装置。到了19岁，他终于利用将气体灌进由头颅、嘴唇、声带所组成的人声模仿系统，发出了约略可变的不同声音，成为发出声音的技术关键。贝尔的祖父、父亲、兄弟的工作都与演说术和发声法有关，母亲和妻子都有听力障碍，贝尔本身也是声学生理学家和聋哑人语的教师，也促使他发明听力设备。1876年，贝尔成功地完成了第一部商业化的电话，但其实他还有另外一项更重要的发明，也就是1880年的影像电话。

安东尼奥·穆齐

穆齐（1808—1889）是意大利的发明家，他在1856年时，成功地利用一条电线传送声音，并以电话形状仪器进行通话。到了2002年美国国会的议案中，正式将穆齐视为电话的发明者。

贝尔的最早电话发明，其实跟锡罐通信很像，但是因为距离远，采用了声音与电荷互相转换的薄膜震动系统，减少了信号的耗损或者干扰。

席林的电报机，将 26 条电缆电报系统，简化成为 5 键 5 线系统。

电信业创造了什么技术?

电话商业化的成功，不只造就了贝尔的个人财富，也产生了更多技术需求及衍生技术。电信技术的前期重要性与获利性，其实远远在电力之上，因为没有了电灯，可以有煤气灯，交通也可以有人力、兽力与汽油协助，可是电话没电就没办法了，人就好像活在孤岛上一样。

电信带来的重要贡献之一就是具有绝缘套管的电线，因为正负极相接的电线，会产生火花而起火，除此以外，在之前许多的电报系统测试之中，手持电线的助手们常常因为大电流而被电晕，因此电线必须要采用绝缘体进行防护。1832 年，俄国人保罗·席林将电报系统的导线之间用橡胶绝缘后，再一起放在玻璃管内埋入地下，成为世界上最早的一条地下电缆，而且他也是第一个采用二进制系统作为信号传输系统的人，不再使用复杂的摩尔斯电码，因为线路的开跟关是比较好辨识的，而且 2 的 10 次方等于 1024，接近于 10 的 3 次方，在信号线越来越长，铺设成本越来越高的情况下，利用稍微多一点的时间传递信号，是远比多铺设一条线要来得经济实惠的。

海底电缆不同于一般电缆，一定要有坚强的外壳防护，也必须做好信号绝缘，以免受到具有导电性海水因电磁感应所产生的信号耗损或干扰。

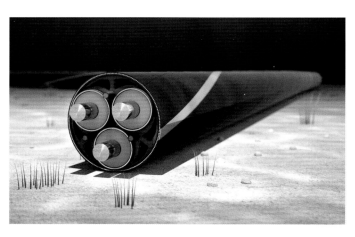

在 1850 年 8 月，英国人在英法之间的多佛尔海峡间，铺设了世界第一条海底电缆，就是作为电报传递使用的，但是因为当初没有设计用金属壳防护，所以才使用几小时，就被渔船的船锚（máo）所割断了，之后一直到 1851 年 11

月，世界上第一条加装金属防护的海底电缆才铺设成功。后来英国人威廉·汤姆森解决了因电缆长度太长以及水的导电特性，使信号严重衰减的问题。1858年，世界上第一条横跨大西洋的海底电缆完工。除了海底电缆以外，电线杆也是为了通信而发明的。

在1844年，摩尔斯受美国国会补助搭建一条64千米的电报线，在巴尔的摩与华盛顿特区之间。刚开始摩尔斯采用以铅为遮蔽的电线并采用地下埋设的方式，但是施工了11千米之后，发现干扰非常严重，信号质量很差，因此他把线挖出来，剥掉铅遮蔽层之后，挂在木杆上，最终他用了700根胡桃木制成的"电线杆"（680根长度约为8米，20根长度约为10米，底部直径约为20厘米，顶部直径12—15厘米），成为最早的电线杆系统。

电报线路在电报系统发明后的20年间，串起了欧美各国家内主要城市间的通信。

电报收发员是非常辛苦的职业，除了要立刻转换对方的报文以外，有时更要实时地回复报文，现在商业电报已经退场，只剩下军方还在使用电报系统。

电信机房与电话号码——人类的第二个地址系统

电话的发明对人类的影响并不只有通信上的便利与科技的发明，也造成人类社会的系统性改变，也就是新职业的诞生——报务员与接线生。为什么需要接线生呢？

电话与电报刚发明时，是被政府所专用，也就是所谓的热线，只要一端拿起电话筒，另外一端就会响起铃声，跟古时候的驿站一样，只有点对点的发送。所以发报与收报的内容之中，必须要说明是发给谁的，以免找错人，但是当需要通话方越来越多时，如果还是沿用每两点之间拉专线，会使得铺设线路成本大为上升，因此就产生了所谓的"交换机房"与"中央机房"的需求，所有人的电话线都拉到交换机房，再聘请专人通过线路的桥接，这样就可以连上线，也能够对通信的状态一目了然。那么接线生怎么确定接给谁呢？问姓名跟地址吗？万一同名同姓怎么办？交换机上列出地址也太长了点，而且也不是每个人都能够记得或者听懂所有的地址。

随着人口增加，经济发展，使用电话的人也越来越多，因此在大城市里的交换机房，也必须聘任更多的接线生并采用轮班运作的方式，才有办法维持不间断的电话服务。

19 世纪 70 年代末期，当贝尔设立的电话租用系统，让有钱人得以使用电话通信时，确实是通过姓名进行连接，不过在 1880 年底当美国马萨诸塞州出现了麻疹疫情时，洛厄尔区域的医师摩西·帕克，担心区域内的 4 位接线员万一都生病了，电话系统就会瘫痪，所

电信机房内交换机的后方是密密麻麻的线路，为了避免接错线，信号线就必须采用不同颜色的系统以便识别。

以为了让接班人员能够迅速受训进行操作，于是建议改采用数字号码对区域内的 200 个用户进行编号，成为最早的电话号码系统。

为何我们在数字键盘上又看到英文字母呢？原来随着用户的逐渐增加，为了减少铺设成本，除了机房要增加，号码也要增加，一旦增加到五位数以上时，冷冰冰的号码实在不便于记忆，因此有人想到了将数字与英文字母混用的方法，也就是 26 个字母分给 10 个数字，每个数字可能带有 2 或 3 个字母，然后把地名的前两个英文字母转换成数字，之后再用四个数字代表该区域内的号码，这样就比较容易记，这种就称为 xL-yN 混合号码系统，而在 1930 年 12 月，美国纽约市成为首先正式采用 2L-5N 的电话号码系统区

过去电话数字键盘上留有英文字母以便记住广告专线。

域。虽然目前已经没有这种规定了，但是许多商业广告者，还是习惯利用全文字的电话号码，以便听众记忆，也达到品牌宣传的效果。

时至今日，电话号码已经俨然成为现代人的第二个地址，也是代表数字化地址的来临，因为从电话号码就可以推测居住区域，短而简洁也易于追踪管理。

但是人类追求便利的欲望是永不停止的，怎么样才能够把线拿掉呢？

无线通信时代
从电磁波到卫星

无线电的发明是由光研究开始的

电话大大地影响了人类的生活，然而从电报转变而来的电话，终究还是必须受到电线的控制，在大航海时代，跨海铺设电话线不是不行，但是所费不赀，风险又大，定点的通话还勉强行得通，但是在海上的船只怎么办呢？

自从电话发明以来，有线电话已经触发了全球经济与科技大战，更为先进的无线通信技术成为新一代的战场，而且与更多的技术相关联。其中关键中的关键，当然就是电磁波的发现。

流动的电可以产生磁性，流动的磁也可以产生电力，因此电跟磁好像就是分不开。既然电跟磁似乎都不需要接触就可以产生作用，那么信号一定要通过电线才能够传播吗？

电力与磁力都是属于非接触力，

库仑的电力天平可以改变电荷量的大小以及距离，以便观察电荷的吸引力与排斥力变化。

是人类非常熟悉的观念，可是如何确认传递的有效距离，就要先靠英国人牛顿在 1687 年所发表的万有引力定律。万有引力定律其中最重要的观点之一，就在于找到力的大小与距离平方成反比的关系，这样的公式，促使法国人库仑在 1785 年发现电荷或者磁极之间的吸引力或者排斥力有同样的关系，也会随着距离的平方而递减。因此如果不通过导体而仅通过空气来进行感应，传递远距离的电或者磁信号，似乎不太可能。我们已经知道现在无线电波都是电磁波，而且传送的距离都很长，那么电磁波是怎么被发现的呢？

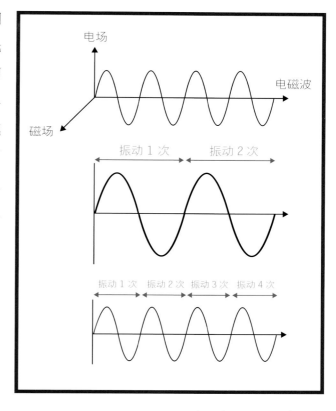

电场和磁场以垂直的方向相互生成。形成的过程中会有能量以波动的方式往外传递。

　　"电磁波"一词的发明人麦克斯韦在摘要记录中提到，热传递的现象促使他认为电与磁是采用类似模式传递的，而热有三种传递方法，分别是固体内传导、气液体对流与可在真空中的辐射，但是麦克斯韦认为这些都是通过"介质"的相互碰撞而传递，而不是通过"携带"，因此一个介质磁性的运动，会引起另外一个介质产生电性的运动，而这个电性的运动又会造成另一个介质产生磁性，所以电跟磁一定是一起传递，只是有顺序跟时间的差异而已，而这样的传递模式，却又跟光波折射行为是类似的，因此就产生了"电磁波"的概念。

　　电磁波既看不到，又可以传递信号，也不会产生

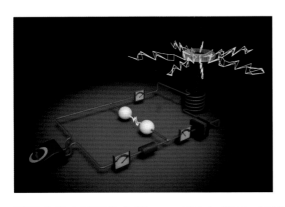

当两个静电球因为电荷增加最后达到放电时，突然产生的变化，能够引起附近的磁线圈也产生电磁场的变化。

声音，真是最好的通信传递工具了。可是怎么传到要去的目标，又怎么知道要接收而且怎么接收呢？解决了线的问题，却创造出更多的问题，当然也会促发更多的科技来解决问题。首先就是要解决怎么发射电磁波的问题。麦克斯韦虽然建立起电磁波的概念，但是怎么证明电磁波真的存在呢？

1888 年，德国人赫兹通过两颗带电金属球的"信号"传递，证明了看不到又摸不着的电磁波的存在。他在利用放电线圈做火花放电实验时，发现附近几米外另一个开口的绝缘线圈中竟然会产生小火花，引起了他的好奇，而最后确认电磁波传递的存在。实验中的放电线圈就成为信号发射器，另外一个线圈就变成了接收器，成为最早的电磁波收发器系统，也就是最早的天线雏形，而天线既可以"发出"信号，也可以"收到"信号。但是电磁波在空间中会向四面八方产生辐射，能量就会耗损得很快，要传得远，就要集中，

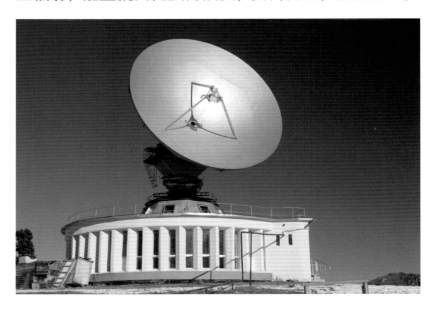

碗形的天线接收平行进入的电磁波后，集中到焦点位置的接收器，达到信号放大的效果，也可以反向产生平行射出的电磁波。

问题是电磁波有办法像光一样聚在一起吗？

光会聚焦的现象在灯塔时代就被发现了，只要利用光的直线前进原理，就算是用平面镜，只要摆好方位，就会产生聚光的情况，但是汇聚的光线又会再发散，实务上只有"抛物面镜"能够解决这个问题，也就是当光源放在抛物线的焦点处，反射后的光线会转变成为平行光，或者是将平行光汇聚在抛物线焦点处。

公元前 200 多年，古希腊人阿波罗尼斯真正地定义出抛物线、椭圆和双曲线等名词。有了抛物面镜这个利器，除了能够将无线信号的传输距离大大地增加以外，也能够产生定向发射的控制效果。但是接下来就面临另一个问题了，就是地球是圆的，长距离的直线是会离地球表面越来越远的。在解决这个问题之前，赚钱最重要，到底谁是商业无线电报系统的发明人呢？

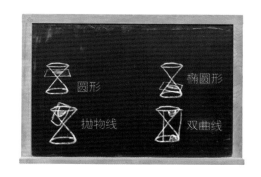

圆锥曲线是由平面与圆锥相切之后所得到的周围形状，有圆形、椭圆形、抛物线以及双曲线，在数学以及物理学上都有很多不同的应用。

商业无线电报系统

赫兹无疑是确认电磁波可用于通信的人，但是将电磁波通信商业化牵涉到专利，而专利又牵涉到将近 20 年的全球化商机，电话的发明专利竞争已经如此激烈，无线电通信专利的竞争激烈情况不难想见。在无线电报专利权争夺中最有名的当数美国人特斯拉与意大利人马可尼，但其实英国人洛奇跟俄国人波波夫也曾是这个舞台上的竞争者。

洛奇说自己是受麦克斯韦的观念所激发，认同麦克斯韦的观念，从未与赫兹有所关联，但是洛奇本身对于麦克斯韦的微积分运算部分并不熟悉，同时又受到教学生涯的干扰，因此一直到了 1888 年，才在公开

洛奇不只发明了电话，他在 1898 年提出了专利申请，就是现在所谓"动圈"式的喇叭，将一个可移动的线圈粘在薄膜／纸盘上，当固定的线圈因为电压变化而产生磁场变化时，线圈就可以带动薄膜／纸盘发出震动的声波。

波波夫发明无线电之后，俄国建造了无线电塔协助海上航行船只，也解救了1900年困在浮冰上的50多名芬兰渔夫。

演讲中提到他对于闪电引起感应效应的看法，而到了1894年赫兹逝世的纪念演讲中，他说明了自己的研究，其后完成了55米的电磁波传递实验。

波波夫则是因为船舶用高频率通信电缆的绝缘问题，开始对共振与震荡的现象感兴趣，其后则是因为阅读到洛奇在1894年发表的文章，开始设计更敏感的接收器作为船只的雷暴雨警告器，可以感受到雷击而发出警告，使船只能够远离雷击的危险。

另一方面，相对年轻的马可尼也是对赫兹的实验以及洛奇的论文感兴趣，不同的是马可尼刚开始的目的就是打算做无线电报系统，但是由于科学界大多聚焦于电磁波的特性研究以及对于电磁波特性的不了解，误认为电磁波跟可见光一样，只会直线前进，容易受到阻挡，因此鲜少有人尝试利用电磁波作为无线电报系统使用，但是马可尼认为无线电报系统具有非常大的商机，因此模仿有线电报系统，也打造了一套无线的收发电报系统。在1895年的夏天，他进行户外测试，

古列尔莫·马可尼

马可尼（1874—1937）是意大利物理学家，他是第一个传送和接收电磁波的人，因而发明了无线电报。马可尼因为对于电磁波与无线电的贡献，获得了1909年的诺贝尔物理学奖。

但是最长的传输距离只有约 800 米，而后再经过文献与实验的研究，在将天线加长以及架设点加高以后，终于能够将传输距离增加到 3 千米，在 1896 年公开了他的成果。

那么特斯拉又是怎么跟无线电报产生关系的呢？特斯拉在 1881 年加入了布达佩斯的电报公司，在他担任总电机技师的生涯中，据说制作了信号的复制器与放大器而改善了电报的质量与公司的营运，虽然这些产品与设计并未公开，但是他的技术确实让他先后加入了当时美国三大电力公司中的爱迪生公司以及西屋电器公司。他的磁线圈交流变压系统也让他成为美国的有钱人，从而有能力发展自己有兴趣的研究题目。一直到了 1889 年，他受到赫兹实验的影响，开始对无线通信感兴趣，终于在 1893 年，特斯拉在美国公开展示了他的研究成果，成为美国最早的无线通信系统发明人。

尼古拉·特斯拉

特斯拉（1856—1943）是现代家庭用电"交流电"系统的发明者。特斯拉的发明在今日生活应用中无处不在：交流电系统、无线传输、特斯拉线圈。特斯拉线圈中无线电力传输线路的概念，是通过强大的电磁场变化，能够使不接触的另一个线圈也产生感应电压而形成所谓的"无线"电力传送，其实就是目前线圈式变压器的原理。

调幅收音机，终于不用再听嘀嘀嗒嗒的电报了

不管是哪一个人最后取得了无线电通信的专利，总之技术是发展了，可是信号却因此更容易被拦截。虽然信息被拦截的问题，有线跟无线都存在，可是有线电话还得要找到线才能窃听，无线电就很轻松了，可能拿个锅盖就可以收到电波了，如果只是密码化，很容易被破解。所以过去的保密方法都不容易行得通，只能从电磁波发射跟接收的概念下手，而波在同样的环境下传递速度是相同的，所以就只剩下振幅跟频率可以做更改了。

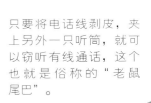

只要将电话线剥皮，夹上另外一只听筒，就可以窃听有线通话，这个也就是俗称的"老鼠尾巴"。

费森登

费森登（1866—1932）是
出生于加拿大的发明家，
发明了调幅广播，通过
改变振幅的电磁波，每
一种固定频率都可以作
为一个通信"频道"。
他也成功通过无线电，
播送出第一套远距离的
电台节目。

1902 年，美国人史特波斐德首度展示了无线广播
的概念，只要在一个地点发送信号，有 7 个地点同时
都收到了发射出的音乐。

1901 年，加拿大人费森登申请了调幅广播的专利，
就是在同样的频率波下，改变弦波的振幅大小进行无
线信号的传送，也就是现在熟知的调幅技术（AM）。
利用振幅的大小作为信号，在固定的时间间隔接收，
这样的好处是几乎每个频率都可以作为一个信号的管
道，只要接收跟发射两端沟通好用哪个频率，就可以
还原出信号的内容了。但其实要真正完成调幅的通信
工作，要靠一个非常重要的零件来接收确认信号（信
号经过长距离的传送会衰减）。有线通信要仰赖继电
器，那无线通信有这样的继电器吗？

无线通信的传送是扩散的，因此无法通过架设定
点的继电器来解决这个问题，所以只能够在接收端做

高电压的真空管也可以
让电子受激发而撞击另
外一个金属，产生电
磁波。

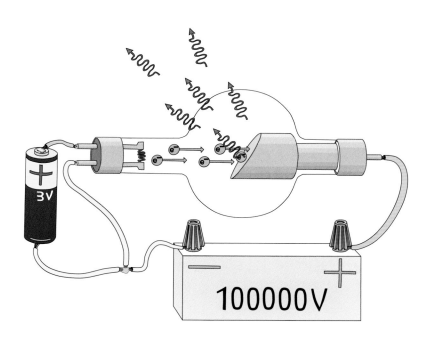

信号的"放大"，才有办法做较为精准的振幅大小确认。实现这一功能的重要零件，就是现在我们熟知的"真空管"，而它的诞生，竟然是因为爱迪生在改善灯泡过程中的副产品。

其实早在1875年，当爱迪生发现灯丝会在空气中氧化而缩短灯泡寿命时，他通过抽真空以减少灯泡内氧气的存在，但是却没想到作为早期灯丝材料的碳丝，反而会因为更容易蒸发而断裂，爱迪生希望能够在灯泡内部安装一小截铜丝来阻止碳丝的蒸发，虽然最终没达到效果，但是爱迪生却发现，没有连接在电路里的铜丝，反而因为接收到碳丝发射的电子而产生微弱的电流，而且电子只能够由热的地方跳到冷的地方，形成了单方向流动。可惜他并不重视这个现象，只是把这个现象命名为"爱迪生效应"，就没有继续研究下去了。

直到1904年，英国人弗莱明在改善无线电报系统时，想要把收到的调幅无线交流波信号改变成直流的有线信号以便转换成声音，竟然想到利用爱迪生效应，将原本上下对称的电流，变成只能从碳丝流向铜丝的单向电流，成为最早的整流器，而这个装置也就是现在大家在高级音响中才能看到的"真空管"。

但是光是整流还不够，信号太微弱根本听不清楚，所以在1907年福雷斯特进一步利用这个效应，加上了一个金属电极产生额外的电压，利用"同性相斥，异性相吸"的原理，将原本的小信号变成了控制大电流的信号而达到了信号放大的效果，成为具有放大效果的"三极"真空管，也是最早的放大器。

三极真空管可以让信号放大，而忠实地表达出原本的信号，多用于高价位的高级音响，减少唱片到喇叭之间的信号传递损耗或者变形。不过制作费时费工，寿命也会随着碳丝蒸发而消耗，现在已经逐渐被高分辨率的数字音乐所取代。

调频技术，不只用在收音机里！

但是调幅电磁波还会碰到另外一个问题，就是所谓的"盖台"，只要有振幅更大的电磁波出现的时候，原本的信号可能就因此变得不明显。不同频率会产生公倍数的干扰，接近振幅极限的区域信号也会变得不明显，尤其是碰到闪电时，闪电的强度大，持续时间较久，就会干扰到所有频段的运作。如果周围有放电加工的作业，也会产生类似的问题，必须要想个办法解决。

一直到了 1933 年，美国人阿姆斯特朗提出了通过调整频率来消除干扰问题的专利，也就是现在熟知的调频技术（FM）。电磁波本身要有一个基准频率，在这个基准频率上进行小范围的频率变动，而把频率变动数值作为信号值的关联，这样一来就不用调整振幅，因此就不会有边界振幅控制的不稳定性，而且雷电频率较低的情况下，随时变化的频率不易产生共振的干扰。不过要产生随时变化的频率远比改动振幅要来得困难，能够产生这样频率变化的关键组件就是所谓的振荡器了，所以阿姆斯特朗也正是电子振荡器的发明人。

电焊作业中，通常都需要通过正负极相接产生的短路与电弧能量才有办法产生让金属熔化的高温。产生电弧的瞬间就像是闪电一样，除了会产生刺眼的光芒、滋滋作响以外，也会产生强大的电磁干扰。

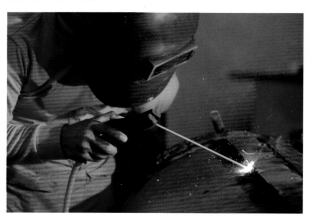

调频技术使得无线通信得以避免干扰，因此成为存活至今的主流通信技术，无线电视、无线网络以及个人化的无线遥控装置也都是采用调频的技术，只是在不同频段使用而已。这么成熟又好用的技术，还有什么好改善的呢？

有线电话的成功，不只是靠密

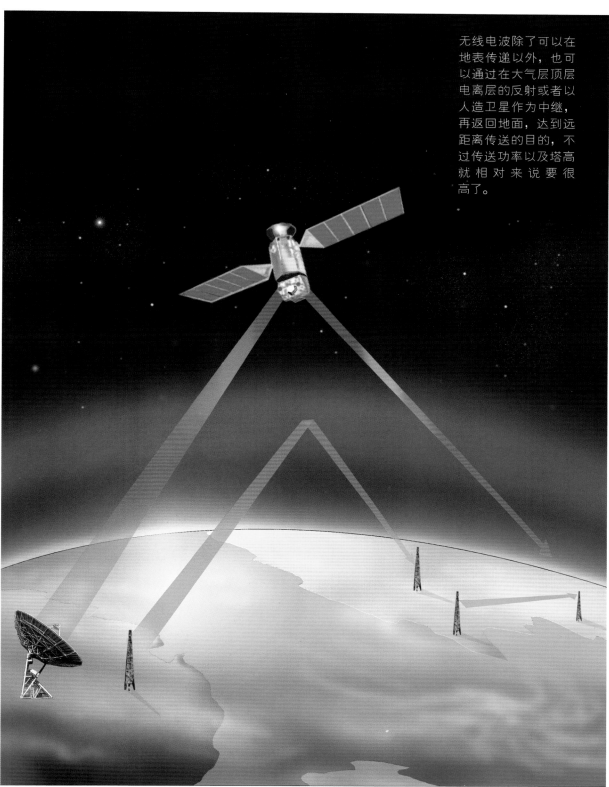

无线电波除了可以在地表传递以外，也可以通过在大气层顶层电离层的反射或者以人造卫星作为中继，再返回地面，达到远距离传送的目的，不过传送功率以及塔高就相对来说要很高了。

通信的故事

最早的可携式电话机，电路板与数字处理芯片以及电池都是使得电话体积庞大的原因。

密麻麻的电线而已，交换机与接线生以及电话号码系统是使得任何人之间都能够相互通话的功臣，而无线AM/FM虽然解决了无线广播收发的问题，但是如果三个人之间要能够产生像是有线电话一样的便利性，就得要采用更多的频段，也就是甲乙、乙丙、甲丙，否则就会互相干扰；或者约定时间也要面临不同群组会不会采用相同频段的问题。有线电话的号码系统难道不能用在无线通信上吗？如果可以，那不是用一个频段就可以解决相同的问题了？如果好几个人用同一个频段打电话给我，那我又怎么确定要接谁的电话呢？

在庞大的商机驱动下，就只好仰赖"电子接线生"，也就是目前影响我们每一天生活的"计算机"了。

波的产生跟弹簧的伸缩很像，电磁波传递的并不是物质，而是因为不断碰撞而产生的能量，所以在电线中虽然也会有电子的流动，但是电的传递还是靠电磁波产生的能量，而不是电子的流动。

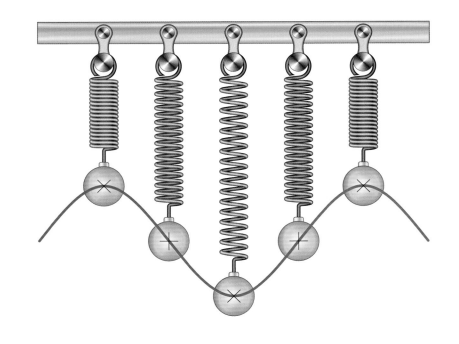

60

各式电磁波的形式

模拟数据信号

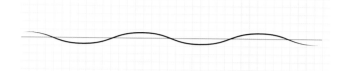

AM 调幅

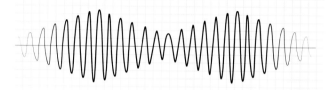

FM 调频

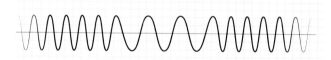

数字数据信号

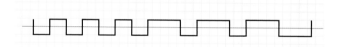

数位 AM

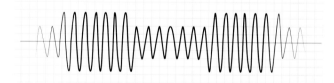

载波信号

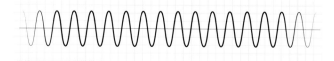

用于通信的电磁波形式很多，有模拟信号、数字信号，通过变化的电磁波也不只有一般的 AM 与 FM，如果只是要传递数字信号，也可以采用 AM 方式传递。

通信的未来发展
计算机与光通信

你知道怎么跟机器讲话吗？

无线通信的成功，基本上已经解决了大多数的通信问题，人们确实享受到生活上很大的便利。使用室内无线电话之际，更让人们想要拥有室外的无线电话系统。可是室内的无线电话只是分机而已，基本上是同一个频道的延伸，问题不大，要到室外去，一个移动电话怎么能够知道是哪里来的信号呢？

其实概念很简单，就是送出来的信号要带上"地址卷标"，每个接收方看到是自己的接收卷标数据再接收，或者使用过滤器只让有自己地址卷标的数据传送过来。接收后再把地址卷标撕掉，连接起来，就变成完整的信息了。但是这一切都得要靠"自动化"才能够办到。

自动化一直是人类的梦想，早在阿基米德发现用杠杆可以省力之后，人们就一直在想着要怎么省时，但是发现时间是无法节省的，就只好省自己的工时了，而自动机就是最早的想法。

问题是要这些装置做什么事情？如何能够让同一个装置做不同的事情呢？

装置于钟塔内的钟琴，有大大小小不同的钟，到了整点就会受到敲击或者摇晃而发出不同的声音。

叫机器做事情跟叫人做事情一样，都要给"命令"，但是人听得懂话，机器听不懂话，所以就要先创造跟机器说的"话"。

能够产生复杂花样的现代化织布机，也称为贾卡德织布机，通过周围不同颜色的织线与自动化的设计，能够产生不同的图案。

最早的机器语言，可以追溯到纺织业上。纺织业的发展很早，但是大家都喜欢花色与图案，因此怎么样织出具有图案的布就是很重要的技术。刚开始都是采用人工换线进行，最早能够换线的织布机，可以追溯到公元前400年战国时代的楚国，一个人负责操作织布机，另外一个人负责将不同颜色的线穿入。随着色线越来越多种，工作也越来越复杂，为了确保图样的一致性，1725年法国人布乔，他的父亲是管风琴制作人员，因此布乔利用了自动管风琴打孔卡片控制按键的技术，将织布机图样操作为类似的做法。其后经过不同的人改良，终于在1804年，法国人雅卡尔成功地完成了商业化的打卡式织布机，而打洞的规则就成为现今普遍认为最早的机器语言。

近代的"人语化"程序语言则是要到1942—1945年，由德国人祝斯用于计算微积分所发展出的控制系统，才算是让和机器沟通的方法变得跟人一样了。然而由于机器只看得懂0与1，也就是开关状态，但是人讲话却是利用有意义的语言，因此就必须产生类似于摩尔斯电码的对照表，才有办法将文字转换为数字。

A	0100	0001
B	0100	0010
C	0100	0011
D	0100	0100
E	0100	0101
F	0100	0110
G	0100	0111

ASCII代码表，采用7个2进位码，能够产生128个字符，表达数字、大小写英文字母以及各种标点符号与常见的特殊符号。

美国国家标准协会在1963年公布了编码对照表（ASCII），成为全球至今通用的文字与数字对照表。原本仅收录英文字母、数字与标点符号，后来各个国

家也自行定义了自己国家文字为基准的编码表，最终国际标准化组织（ISO）在1983年制定了ISO 8859系列，收录许多会员国的文字符号，从ASCII的7码转变为每个国家特色的8码系统，最终又演变至1989年的16码文字编码系统，称为Unicode，提供六万多个字符码，终于把所有的汉字也纳入了Unicode中。

留声机，改进储存媒体的第一步

当自动化系统被开发出来，除了可以联动的装置以外，当然最重要的就是"指令"的记录了。

采用光滑而坚硬的磁盘作为记录的媒介，为了减少磁头对于盘片的磨损以及外来的灰尘，通常都是采用真空密封与防震设计才能使用。

1898年，丹麦人波尔森同样将音波转为电流，再转换为磁力，并把磁力保存在钢琴弦上，称为磁性录音。1935年德国人伏罗莫通过在纸带涂上氧化铁，取代钢丝成为磁带的始祖。1967年，IBM的圣荷西实验室开发出一种特别专用于保存和传送指令的简单磁盘，成了软盘片的始祖，1956年IBM

世界上第一台计算机，由于采用真空管与打孔卡片，体积庞大，而计算的功能以及内存的大小比现代手机还差多了。

的 305 RAMAC 成为现代硬盘的雏形。

　　由于通信与记录的需求日益增加，储存容量也成为通信业者最庞大的技术需求之一，每个新的通信技术，都会伴随着储存技术的改进。有了好的储存媒体、自动化的新通信法，自然就有新的通信系统产生了。

网络与电子邮件以及实时通信

　　有了好的储存技术，当然就可以开始传数据了。电话有电话号码，计算机链接成的网络当然也可以采用同样的概念。1969 年，美国人克莱恩洛克建构了第一条永久性的网络链接，开启了网络的时代。

　　计算机的地址采用了不同的名称，就是 IP 地址，刚开始的版本叫作 IPv4，是 IP 架构的第四版，也刚好将地址分成四个层级，每个层级有 256 个（也就是 2 的 8 次方），四个层级总共能产生 2 的 32 次方个地址，也就是大约 40 亿个地址。但是随着每个人使用的可联网设备增加，除了计算机，还有手机，甚至智能家庭里面的每个装置，加上物联网的需求，地址很快不敷使用。现在正在推出 IPv6，也就是第六代地址系统，将采用 2 的 128 次方个地址，足够应付可见的需求。

早期的磁带机大多用于监听，因为需要监听很久，因此也需要很长的大磁盘。

典型的域名，以便用户识别与运用。可以用于国家识别，如 us 代表美国；也可以代表团体，如 org 代表非营利机构，等等。不过每个域名都需要付费注册取得。

现代的电子邮件不只可以在计算机上收发，也可以在手机上，甚至可以在智能手表上进行读取。目前也有朗读电子邮件内容的软件，方便繁忙的人、视力障碍者或者驾驶员使用。

不过也造成了所有与 IP 相关的系统需要进行升级的大麻烦。

1983 年美国人莫卡派乔斯着眼于数字化的地址非常难以记忆，因此提出了区域名服务系统（DNS），也就是将数字化的地址以文字化的地址替代，以文字为优先，文字转换后的数字码，才成为数字化的 IP 地址系统，因为文字化的地址是不会重复的，因此数字化的地址仍然不会重复，而存在 1 对 1 的唯一对应关系。

有了地址，接下来当然就是要寄信。1971 年，美国人汤姆林森，被公认为电子邮件系统的创始人，将"@"符号用于电子邮件地址的引进人，当然电子邮件地址也会转换成为数字地址系统而进行交换，也是成为 1 对 1 的对应关系，只要文字地址没错，电子信件就会在邮件交换器进行交换。

自动化加快了人类的动作，当然人类也不再满足于仅与一人通信以及等待书信往返的时间。到了 1996 年，取自"I seek you"谐音的实时通信软件 ICQ，成为第一个可在个人计算机上通过网络链接进行实时文字通信软件，也支持多人同时聊天功能，使得实时通信软件需求大爆发。由于移动网络的发达，现在实时通信软件已经逐步取代手机的传统通信，成为无国界而且廉价的通信资源，而且也不再仅支持文字与声音通信，也支持了最热门的影音实时通信。

影像与光通信

声音可以传递，文字也可以传递，那么影像呢？

各种不同的软件，除了会有一对一、文字、语音与聊天室或者图片功能以外，有些甚至加入了购物与新闻的推送，也提供个人商务或者付款的服务。

人们就算对光了解得再透彻，也没有办法解决影像复制的问题。

1802 年英国人威吉伍德将影像投影在硝酸银纸上，成为最早的底片，并发明了最原始的照相机，黑白摄影的基础技术算是出现了。成像技术成为理工的最热门技术之一，而一直到 1935 年美籍立陶宛人古多斯基和美国人曼尼斯联手成功研究了"柯达彩色胶卷"，终于使影像进入了彩色时代。

彩色的影像令人为之疯狂，人们当然也喜欢会动的影像。在秦汉时代就有蟠螭（pán chī）灯，公元202 年出现了走马灯，也就是利用视觉暂留产生动画效果的技术。到了 1832 年，比利时人普拉托与奥地利人史丹佛几乎同时发明了一种动画机器，在圆盘上绘制不同的连续动作影像，旋转之后，就能够看到一个连续的动作。到了 1880 年，英国人麦布里吉成为首位利用真实照片完成电影的人，而 1935 年拍成的彩色电影《浮华世界》，是全球第一部彩色电影。

能够看电影不错，但是要去电影院里才能够看，既然都有收音机了，为什么不能播放影像呢？ 1897

曾经风靡一时的胶卷底片照相机，目前无论是色彩与分辨率都已经不如数字相机甚至照相手机，连冲洗相片的需求也随着社交媒体的发达与云端的存储而逐渐成为历史了。

通过全息投影技术，能够投影出立体与彩色影像，可以在不同角度观察，也省去了投影布幕的需求。

一束光纤电缆内有非常多的光纤，而且光纤越细，除了可弯曲性更好以外，也能够使光缆携带更大量的数据。不过早期光纤的焊接是很困难的事情，因为光纤的断面处理必须非常平整，才能够减少光信号的损耗。

光无线通信，也就是所谓的LiFi，可以将信号藏在超过人眼感受闪烁的频率下运作，有光的地方就可以传输数据。而且因为波长更短，能够携带的数据量更大，每个发光体都可以作为发射台，号称1分钟内就可以传输完1部120分钟的高分辨率数字电影的数据。

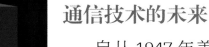

年，德国人布劳恩发明了可以受电子撞击发出荧光的阴极射线管。到了1925年，苏格兰人贝尔德终于完成了第一台电子式黑白电视机的雏形。1954年美国推出第一台彩色电视机。1990年美国通用的数字电视技术发表后，全球逐渐开始利用数字信号传递影像，无论是采用无线电、网络或卫星信号。除了平面影像，所谓3D影像，也就是全息投影技术，在1947年由英国匈牙利裔盖伯发明之后，更是现在全球彩色高分辨率技术的新战场。

然而光通信并不只是影像通信，光本身就是电磁波的一种，因此光本身就可以作为通信的媒介。光源比电磁波源其实更容易产生，而光的识别可以通过光电效应，所以光通信也成为一个最热门的学科，主要有光纤通信以及正在发展中的可见光通信。

虽然知道光也是电磁波，但是电磁波具有单一频率特性，而一直到1960年，美国人梅曼发明了激光，才产生了单一频率的光源。到了20世纪70年代，美国康宁玻璃发展出高质量而低衰减的光纤，让光信号不会消散之后，开启了光纤通信的时代。既然有线光数字通信是可行的，那么光无线通信，也就是所谓的LiFi是不是也可行呢？同时贝尔的影像电话也引导了光学麦克风的发展，也就是听声音用光比用音波与电磁波更好。

通信技术的未来

自从1947年美国人巴丁、布莱登与夏克立发明了晶体管而让计算机进入集成电路时代之后，人类几乎把所有能用的媒介都用了，文字、声音、影像也都可以传了，还能有什么更新的通信技术发展呢？当然还有！

首先就是智能通信。人类发展通信，就是为了解决无法沟通的问题，如果能够自动翻译，那么就算是未来碰到外星人不是也可以通信了吗？20世纪20年代生产的雷克斯玩具狗可能是最早的语音识别尝试。而智能通信需要的关键技术包含了"分析""学习""辨识"与"演绎"四大技术，从声音、影像、动作到行为等都是能够辅助通信的方法。

那心电感应呢？是不是可以不用说话就可以传递信息呢？随着脑神经科学的进展，人们发现神经的信息传递就是通过离子，而离子移动又会产生电磁波，德国人贝格尔在1924年发现了脑电波，1969年美国人豪斯与厄本开发出第一款人工耳蜗，成为第一个脑电波控制输入输出的装置。脑机接口与通信，至今仍然是不断发展的最新技术。

可以利用数字信号传递物质吗？是不是能够把物质

诞生于2015年4月的世界上首位机器人公民索菲娅，具有人工智能、视觉数据处理和脸部识别功能，她也可以模仿人类的手势和脸部表情，也能够简单地回答某些问题，也可以就特定的主题与人类进行简单的对话。

通过在头皮上的不同位置粘贴上电极点，能够搜集脑电波信息与对语言或者影像的反应，建构联结而产生复杂的控制功能。

的组成材料与结构信息数字化，这样我们就能够无线传输物质了？ 3D 打印就是为了摆脱寄送实体物质的困难而产生，也成为"快速打样"的技术概念。最早是在 1980 年提到。随着材料的多元化发展，在 2017 年，美国的软件公司开发出了世界上第一台 3D 人体打印机，传递物质的信息成为最热门的信息内容。

就算物质可以通过信息传送而复制，可是电磁波的传递还是需要时间，有没有所谓的"瞬间移动"呢？

通过 3D 打印制成的人工器官，已经突破单一材料的限制，许多已经开始申请临床试验，或许以后全世界最重要的就是人类的 DNA 数据了。

通信大事年表

古埃及文字

古埃及人发明了圣书体文字，兼具象形与会意，并用莎草纸作为书写工具，成为世界上有史以来最早的完整文化系统。

密码通信

古希腊与古罗马城邦之间的战争，导致秘密通信的需求增加，斯巴达人利用密码棒作为战争时的情报保密方法。

仓颉造字

仓颉造出中国象形与会意文字。也利用结绳记事，利用大大小小的绳结传递信息。烽火台可作为战争通信使用。

号角响起

中东两河流域战事多，地广人稀，利用牛羊等动物的角，将其挖空打洞，可以制作成号角传递信息使用。

公元前 3300年	公元前 3200年	公元前 2700年	公元前 2300年	公元前 700年	公元前 600年	公元前 290年

楔（xiē）形文字

发明了楔形文字（长得像是钉子的图案文字）；发明了算盘，辅助大数量的计算；发展出60进位制。

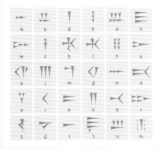

邮局制度

邮局制度对后代的通信影响深远，在巴勒斯坦地区有了最早的邮局制度，人们可以通过邮局寄送包裹。

灯塔传讯

夜晚的海上航行事故很多，法洛斯灯塔是最早利用镜子反射火焰光来通知海上船只信息的灯塔，成功地减少了航行事故。

这个就是所谓的量子通信技术了。量子通信之所以神秘，主要还是来自连爱因斯坦也不了解且不能接受的量子纠缠现象。爱因斯坦等人在 1935 年提出的理论中，认为物体只能直接地被紧邻区域发生的事件所影响，而影响的传递速度不能超过光速，但是量子力学学者克劳泽与弗里曼却在 1972 年通过实验发现如波函数的塌缩或全同粒子对称化，都似乎是瞬间完成的，或者至少是以超过光速 10000 倍的速度传递，而且是成对地变化。所以量子通信除了速度快以外，也无法被任何现有的技术拦截信号，更有使物体瞬间移动的可能，因而成为最受瞩目的新技术。

仅次于时间旅行的人类梦想，瞬间的移动，瞬间的通信，要去哪里就去哪里，或许就有赖于量子通信的发展。

飞鸽传书

鸽子自古代就被发现有很强的归巢特性，因此中国人开始驯养鸽子，出门时带着几只鸽子，有信息要回传时，就可以将信息放在鸽子身上送回巢。

船运旗语

法国人查普利用十字架左右木臂上下移动，产生不同的位置和角度可以表示不同字母，称为旗语。

摩尔斯电码

美国人摩尔斯、亨利与维尔共同发展了一套类似旗语的信号代码系统，通过不同的排列顺序来表达不同的英文字母、数字和标点符号，称为摩尔斯电码。

公元前 221年	公元前 30年	1793年	1802年	1836年	1850年

驰道地址

秦始皇为了巡视大统一的帝国，修建了宽广的驰道，为便于管理，也为驰道定了名字，成为最早的地址系统。

黑白摄影

英国人威吉伍德将影像投影在硝酸银纸上，成为最早的底片，并发明了最原始的照相机。

海底电缆

英国人在英法之间的多佛尔海峡间，铺设了世界第一条海底电缆，作为电报传递使用的，但是没有金属壳防护，所以很快被渔船的船锚所割断了。

隐形墨水

奥维德建议女士可以用亚麻籽油在羊皮纸上写下信息，或者用新鲜牛奶书写，之后再用煤的灰烬触碰便可以显示秘密信息。

现代

电话联络

视频通话

未来

全息投影通信

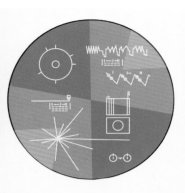

宇宙探险

旅行者 1 号发射，携带着刻画了地球化学与物理的信息，以及地球的声音以及语言，向太空航行，在 2013 年飞离太阳系。

网络会议

ICQ 实时通信软件问世，通过因特网实时传送数据，技术演变为可传送声音与图片以及影片的通信系统，可一对多，也可多对多的会议系统。

电子邮件

美国人汤姆林森，被公认为电子邮件系统的创始人，引进"@"符号用于电子邮件地址，电子邮件地址也会转换成为数字地址系统而进行交换。

| 年 | 1969 年 | 1971 年 | 1972 年 | 1977 年 | 1996 年 | 2012 年 |

量子通信

克劳泽与弗里曼通过实验发现似乎是瞬间完成的量子通信基础，主要来自于量子的纠缠现象，据称传送速度至少是光速的五十倍。

因特网

美国人克莱恩洛克建构了第一条永久性的网络链接，ARPANET，其后有了网络地址协议系统、域名服务器系统。

星际通讯

成功登陆火星的无人侦察车好奇号，除了回传图片数据以外，更可以通过物质分析装置，了解其他星球的物质与生命形态。

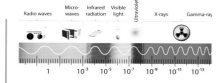

电磁波

热传递的现象促发麦克斯韦产生电与磁是采用类似模式传递的想法，他认为电跟磁是一起传递，但有顺序跟时间的差异，类似于光波折射。

无线电报

马可尼认为无线电报系统具有非常大的商机，因此模仿有线电报系统，也打造了一套无线的收发电报系统，并进行户外的测试。

程序语言

祝斯为了开发计算微积分发展出的控制系统，定义了第一个高阶程序语言，同时也产生了数字与文字对照需求。

唱盘留声

美国人博莱纳发明了圆形唱片用来记录声音，改良了爱迪生的留声机，使得相对高密度的数据储存成为可能。

| 1856 年 | 1876 年 | 1880 年 | 1888 年 | 1895 年 | 1897 年 | 1945 年 | 1947 年 | 1956 年 |

电影摄制

在圆盘上绘制不同的连续动作影像，旋转之后，就能够看到一个连续的动作，而英国人麦布里吉是首位利用真实照片完成电影的人。

荧光幕

德国人布劳恩发明了可以受电子撞击发出荧光的阴极射线管，成为黑白电视与彩色电视机的关键技术。

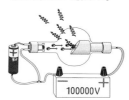

数据储存

IBM 发明磁盘驱动器，伴随着第一台商用计算机使用，随后也发明了软盘驱动器与硬盘机。

声学电话

贝尔是声学生理学家和聋哑人语的教师，促使他发明听力设备，成功地完成了第一部商业化的声学电话。

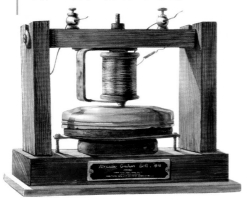

集成电路

美国人巴丁、布莱登与夏克立发明了晶体管，让计算机进入集成电路时代，使得计算机可以传输文字、声音、影像。

图书在版编目（CIP）数据

通信的故事 / 小牛顿科学教育公司编辑团队编著 . -- 北京 ：北京时代华文书局，2018.12
（小牛顿科学故事馆）
ISBN 978-7-5699-2686-6

Ⅰ．①通… Ⅱ．①小… Ⅲ．①通信－少儿读物 Ⅳ．① TN91-49

中国版本图书馆 CIP 数据核字 (2018) 第 239117 号

版权登记号 01-2018-7696

本著作中文简体版通过成都天鸢文化传播有限公司代理，经小牛顿科学教育有限公司授权大陆北京时代华文书局有限公司独家出版发行，非经书面同意，不得以任何形式，任意重制转载。本著作限于中国大陆地区发行。

文稿策划：苍弘萃、陈立闵
美术编辑：张彦华

图片来源：
Shutterstock：P4~7、P9~11、P14~20、P22~33、
P35~37、P39~43、P45~48、P50~52、P54~60、
P62~73、P75~78
Wikipedia：P38、P47、P58、P77
Dreamstime：P57
大都会博物馆：P75
Lerner Vadim/Shutterstock.com：P19
tristan tan/Shutterstock.com：P19
Doctor Jools/Shutterstock.com：P20
Fedor Selivanov/Shutterstock.com：P20
Vitaly Raduntsev/Shutterstock.com：P26
Marques/Shutterstock.com：P27
Antolavoasio/wikipedia：P38

Joinmepic/Shutterstock.com：P39
posztos/Shutterstock.com：P41
Sergey Kohl/Shutterstock.com：P45
bissig/Shutterstock.com：P48
Boris15/Shutterstock.com：P56
Sergey Kohl/Shutterstock.com：P56
Lobanov Yury/Shutterstock.com：P64
pook_jun/Shutterstock.com：P69
Anton Gvozdikov/Shutterstock.com：P71

插画：
张亦莹：P8、P12
张彦华：P34、P38
陈瑞松：P74、P79
牛顿／小牛顿数据库：P8、P13、P21、
P35、P44、P45、P49、P61、P66、P76、
P77

通 信 的 故 事

Tongxin de Gushi

编　　著 | 小牛顿科学教育公司编辑团队

出 版 人 | 陈　涛
责任编辑 | 许日春　沙嘉蕊
装帧设计 | 九　野　王艾迪
责任印制 | 刘　银

出版发行 | 北京时代华文书局 http://www.bjsdsj.com.cn
　　　　　北京市东城区安定门外大街 136 号皇城国际大厦 A 座 8 楼
　　　　　邮编：100011　电话：010－64267955　64267677
印　　刷 | 小森印刷（北京）有限公司　010-80215073
　　　　　（如发现印装质量问题，请与印刷厂联系调换）
开　　本 | 787mm×1092mm　1/16　印　张 | 5　字　数 | 74千字
版　　次 | 2020 年 1 月第 1 版　印　次 | 2020 年 1 月第 1 次印刷
书　　号 | ISBN 978-7-5699-2686-6
定　　价 | 29.80 元